Vibha Saraswat
Harshit Mittal

AVALIAÇÃO DO ESTADO ACTUAL E DAS PERSPECTIVAS FUTURAS DO BIOGÁS COMPRIMIDO

Vibha Saraswat
Harshit Mittal

AVALIAÇÃO DO ESTADO ACTUAL E DAS PERSPECTIVAS FUTURAS DO BIOGÁS COMPRIMIDO

ScienciaScripts

Imprint

Any brand names and product names mentioned in this book are subject to trademark, brand or patent protection and are trademarks or registered trademarks of their respective holders. The use of brand names, product names, common names, trade names, product descriptions etc. even without a particular marking in this work is in no way to be construed to mean that such names may be regarded as unrestricted in respect of trademark and brand protection legislation and could thus be used by anyone.

Cover image: www.ingimage.com

This book is a translation from the original published under ISBN 978-620-8-41881-6.

Publisher:
Sciencia Scripts
is a trademark of
Dodo Books Indian Ocean Ltd. and OmniScriptum S.R.L publishing group

120 High Road, East Finchley, London, N2 9ED, United Kingdom
Str. Armeneasca 28/1, office 1, Chisinau MD-2012, Republic of Moldova, Europe
Managing Directors: Ieva Konstantinova, Victoria Ursu
info@omniscriptum.com

Printed at: see last page
ISBN: 978-620-3-33838-6

AVALIAÇÃO DO ESTADO ACTUAL E DAS PERSPECTIVAS FUTURAS DO BIOGÁS COMPRIMIDO

<u>CONTEÚDO</u>

RESUMO

Devido aos elevados níveis de procura de energia a nível mundial, a maior parte da energia é produzida a partir de combustíveis fósseis, que representam cerca de 88% das necessidades totais. Isto também resulta em níveis mais elevados de emissões de CO2 e de outros gases com efeito de estufa, levantando assim a questão de saber se a mudança para fontes de energia renováveis, como o biogás e a produção de biocombustíveis, terá um efeito menor ou mais significativo na economia global. A principal razão subjacente ao sucesso crescente da produção de biogás é o baixo custo das matérias-primas disponíveis e a vasta gama de aplicações do biogás, como o aquecimento, a eletricidade, o combustível, a refrigeração e a produção de energia. Alguns problemas críticos na produção de biogás a partir de várias matérias-primas incluem o enorme fosso entre a investigação biotecnológica, a sua comercialização e a análise das futuras necessidades de biogás na economia circular. Para a produção de biorresíduos, podem ser utilizadas muitas fontes lignocelulósicas, incluindo estrume e resíduos de frutas e produtos hortícolas, e a digestão anaeróbia pode ser utilizada em pequena ou grande escala. Na procura de alternativas energéticas sustentáveis, o biogás comprimido (CBG) surge como uma solução promissora impulsionada pelos resíduos orgânicos. Este estudo centra-se na compreensão da situação atual e do potencial futuro do CBG na Índia, com três objectivos principais. Investiga os desafios que dificultam o crescimento do sector do GFC. Isto inclui uma análise de vários obstáculos, tais como a inconsistência das matérias-primas disponíveis e as complexidades dos regulamentos que regem o sector. Em seguida, a investigação avalia a viabilidade e a eficácia de diferentes matérias-primas à base de biomassa para a produção de CBG. Explora uma série de fontes, incluindo resíduos agrícolas e estrume animal, e o papel que estas matérias-primas podem desempenhar na transição da Índia para fontes de energia mais limpas. Por último, empregando uma abordagem multidisciplinar, o estudo examina os benefícios ambientais e sociais das fábricas de GFC. Isto inclui a avaliação de factores como a redução das emissões de gases com efeito de estufa, a eficácia na gestão de resíduos e potenciais melhorias nos meios de subsistência rurais. Ao abordar estes objectivos, esta investigação procura informar os decisores políticos, as partes interessadas da indústria e os investigadores, abrindo assim o caminho para soluções energéticas sustentáveis. Em última análise, pretende contribuir para a segurança energética e para a gestão ambiental da Índia, no sentido de um desenvolvimento sustentável e de objectivos de emissões líquidas nulas.

Palavras-chave: Biogás, Biocombustíveis, Biometano, CBG, Objectivos de Desenvolvimento Sustentável, Objectivos Net Zero, Fontes de Energia Limpa

LISTA DE ABREVIATURAS

A	Area to be harvested (in acre)
A	Fraction of generated power consumed by auxiliaries of BGPP
$AC_{C/ST}$	Annualized process equipment cost for C/ST (Rs/year)
$AC_{aux,C/ST}$	Annualized auxiliary services for C/ST (Rs/year)
$AC_{aux,G/CC}$	Annualized auxiliary services for G/CC (Rs/year)
AC_{BGPP}	Total annualized cost of a BGPP (rupees)
$AC_{bsh,C/ST}$	Annualized biomass handling and storage equipment cost for C/ST (Rs/year)
$AC_{bsh,G/CC}$	Annualized biomass handling and storage equipment cost for G/CC (Rs/year)
AC_C	Annualized capital cost of BGPP (Rs/year)
$AC_{cw,C/ST}$	Annualized civil works for C/ST (Rs/year)
$AC_{cw,G/CC}$	Annualized civil works for G/CC (Rs/year)
$AC_{elec,C/ST}$	Annualized electrical for C/ST (Rs/year)
$AC_{elec,G/CC}$	Annualized electrical for G/CC (Rs/year)
AC_f	Annual fuel consumption cost (biomass and diesel both) (Rs/Year)
$AC_{ft,C/ST}$	Annualized fumes treatment equipment cost for C/ST (Rs/year)
$AC_{ft,G/CC}$	Annualized fumes treatment equipment cost for G/CC (Rs/year)
$AC_{inst,C/ST}$	Annualized direct installation cost for C/ST (Rs/year)
$AC_{inst,G/CC}$	Annualized direct installation cost for G/CC (Rs/year)
$AC_{instru,C/ST}$	Annualized instrumentation and control cost for C/ST (Rs/year)
$AC_{instru,G/CC}$	Annualized instrumentation and control cost for G/CC (Rs/year)
$AC_{pg,C/ST}$	Annualized power generation equipment cost for C/ST (Rs/year)
$AC_{pg,G/CC}$	Annualized power generation equipment cost for G/CC (Rs/year)
$AC_{pip,C/ST}$	Annualized piping cost for C/ST (Rs/year)
$AC_{pip,G/CC}$	Annualized piping cost for G/CC (Rs/year)
$AC_{site,C/ST}$	Annualized site preparation for C/ST (Rs/year)
$AC_{site,G/CC}$	Annualized site preparation for G/CC (Rs/year)
$AD_{C/ST}$	Annualized ash disposal cost for C/ST (Rs/year)
$AD_{G/CC}$	Annualized ash disposal cost for G/CC (Rs/year)
$A_{G/CC}$	Annualized process equipment cost for G/CC (Rs/year)
$ACI_{C/ST}$	Annualized capital investment on C/ST (Rs/year)
$ACI_{G/CC}$	Annualized capital investment on G/CC (Rs/year)
$AOC_{G/CC}$	Annual operating cost of G/CC (Rs/year)
$AOC_{G/CC}$	Annual operating cost of G/CC (Rs/year)
BGPP	Biomass gasifier power project
C/ST	Fluid bed combustor and steam turbine cycle
$AT_{C/ST}$	Ash transport cost for C/ST(Rs/tones)
$AT_{G/CC}$	Ash transport cost for C/ST (Rs/tones)
C_{BGPP}	Capital cost of a BGPP (Rupees)
$C_{biomass/kg}$	Specific biomass purchase cost (Rs/kg)
$C_{bsh,C/ST}$	Total biomass handling and storage equipment cost for C/ST (Rs)
$C_{bsh,G/CC}$	Total biomass handling and storage equipment cost for G/CC (Rs)
C_c	Carrying capacity of a person (Tones/trip)
C_{cw}	Capital cost of civil works of BGPP (Rupees)
$C_{cw,C/ST}$	Total civil works for C/ST (Rupees)
$C_{cw,G/CC}$	Total civil works for G/CC (Rupees)
C_{df}	Cost of diesel to be used as pilot fuel in BGPP (Rs/ltr)

C_{eg}	Capital cost of engine-generator set of BGPP (Rupees)
$C_{elec,C/ST}$	Total electrical for C/ST (Rupees)
$C_{elec,G/CC}$	Total electrical for G/CC (Rupees)
$C_{ft,C/ST}$	Total fumes treatment equipment cost for C/ST (Rupees)
$C_{ft,G/CC}$	Total fumes treatment equipment cost for G/CC (Rupees)
$C_{fuel, C/ST}$	Cost of biomass fuel for C/ST per year (Rs/ year)
$C_{fuel, G/CC}$	Cost of biomass fuel for G/CC per year (Rs/year)
C_g	Capital cost of gasifier of BGPP (Rupees)
C_{MC}	Carrying capacity of wagon used (Tones)
$C_{pg,C/ST}$	Total power generation equipment cost for C/ST (Rupees)
$C_{pg,G/CC}$	Total power generation equipment cost for G/CC (Rupees)
$C_{pip,C/ST}$	Total piping cost for C/ST (Rupees)
$C_{pip,G/CC}$	Total piping cost for G/CC (Rupees)
C_{rh}	Harvesting cost of the residue (Rupees)
D	Rate of discount (for supply side machines and equipments) (Percent)
$DC_{C/ST}$	Annualized direct plant cost for C/ST (Rupees)
$DC_{G/CC}$	Annualized direct plant cost for G/CC (Rupees)
Dyear	Working days in a year (days)
f_{cw}	Fraction of civil work's capital cost going to its maintenance for BGPP
f_{eg}	Fraction of engine-generator's capital cost going to its operation and maintenance for BGPP
f_g	Fraction of gasifier's capital cost going to its operation and maintenance for BGPP
G/CC	Fluid bed gasifier and combined gas-steam cycle
H_c	Daily harvesting capacity (in acres/day) of labor
Hday	Working hours in a day (hr)
I	Rate of interest (For supply side equipments)
$IC_{C/ST}$	Annualized indirect plant cost for C/ST (Rupees)
$IC_{G/CC}$	Annualized indirect plant cost for G/CC (Rupees)
LHV	Low heating value of the biomass (Kj/Kg)
$LUCE_{BGPP}$	Levelized unit cost of electricity for BGPP (Rs/kWhr)
$LUCE_{C/ST}$	Levelized unit cost of electricity for C/ST (Rs/kWhr)
$LUCE_{G/CC}$	Levelized unit cost of electricity for G/CC (Rs/kWhr)
$M_{A, C/ST}$	Ash flow rate for C/ST (tones/yr)
$M_{A, G/CC}$	Ash flow rate for G/CC (tones/yr)
$MAN_{C/ST}$	Annual maintenance cost of C/ST (Rs/year)
$MAN_{G/CC}$	Annual maintenance cost of G/CC (Rs/year)
M_c	Machine cost (Rs /hr)
$M_{C/ST}$	Biomass flow rate for C/ST (tones/yr)
M_{CI}	Initial moisture content (percent)
$M_{G/CC}$	Biomass flow rate for G/CC (tones/yr)
$M_{G/CC}$	Biomass flow rate for G/CC (tones/yr)
M_{HRSG}	Steam flow rate produced by heat recovery system (Kg/hr)
M_{no}	Number of workers in a BGPP
M_{wr}	Manpower wage rate working in a BGPP (Rs/hrs)
N	Number of trips made by each labor per day
OH	Plant's annual operating hours (hr/year)
$O_{number,C/ST}$	Number of operators required for C/ST
$O_{number,G/CC}$	Number of operators required for G/CC

P	Power rating of a BGPP
R	Amount of residue (in tones)
G_2R	Grain to residue ratio
$R_{bsh,C/ST}$	Capital recovery factor for biomass storage and handling equipments of C/ST
$R_{bsh,G/CC}$	Capital recovery factor for biomass storage and handling equipments of G/CC
R_C	Harvesting rate of machine (in acre/hr)
R_{cw}	Capital recovery factor for civil works of BGPP
$R_{cw,C/ST}$	Capital recovery factor for civil works of C/ST
$R_{cw,G/CC}$	Capital recovery factor for civil works of G/CC
R_{eg}	Capital recovery factor for engine-generator set of BGPP
$R_{elec,C/ST}$	Capital recovery factor for electrical equipments of C/ST
$R_{elec,G/CC}$	Capital recovery factor for electrical equipments of G/CC
$R_{ft,C/ST}$	Capital recovery factor for fumes treatment equipments of C/ST
$R_{ft,G/CC}$	Capital recovery factor for fumes treatment equipments of G/CC
R_g	Capital recovery factor for gasifier of BGPP
$R_{pg,C/ST}$	Capital recovery factor for power generation equipments of C/ST
$R_{pg,G/CC}$	Capital recovery factor for power generation equipments of G/CC
$R_{pip,C/ST}$	Capital recovery factor for pipings installed in C/ST
$R_{pip,G/CC}$	Capital recovery factor for pipings installed in G/CC
S	Average speed of hauling (Km/Hrd)
S_{bm}	Specific biomass consumption by dual fuel engine of BGPP (kg/kWh)
S_{sdfc}	Specific diesel consumption by dual fuel engine of BGPP (l/kWh)
T	Life time of the unit/equipment (Years)
TI	Taxes and Insurance Cost (Rupees)
T_{TR}	Transport Time (hrs)
W	Daily wages of unskilled labor (Rupees)
W_b	Weight of biomass (tones)
$W_{GT,G/CC}$	Gas turbine power for G/CC (MW)
$W_{NE,C/ST}$	Net electric energy power output for C/ST (MW)
$W_{NE,G/CC}$	Net electric energy power output for G/CC (MW)
$W_{ST,G/CC}$	Steam turbine power for G/CC (MW)
X	Average distance hauled for on the field collection (Km)
Y_G	Grain yield
Y_R	Residue yield
$Z_{e,\,C/ST}$	C/ST plant's overall efficiency (percent)
$Z_{e,\,G/CC}$	G/CC plant's overall efficiency (percent)
$AC_{engg,G/CC}$	Annualized engineering cost for G/CC (Rs/year)
$AC_{engg,C/ST}$	Annualized engineering cost for C/ST (Rs/year)
$AC_{startup,G/CC}$	Annualized startup cost for G/CC (Rs/year)
$AC_{startup,C/ST}$	Annualized startup cost for C/ST (Rs/year)
C_{AT}	Ash transport cost (Rs/tones)
C_{AD}	Ash disposal cost (Rs/tones)
P	Percent share of equipment cost
EMC	Equivalent moisture content (in percent)
RH	Relative humidity at the time of harvest
BD	Bulk density (kg/m^3)
PS	Particle size of residue (mm)

CAPÍTULO 1: INTRODUÇÃO

O panorama energético da Índia está fortemente dependente dos combustíveis fósseis, o que levou a preocupações relativamente à segurança energética e à sustentabilidade ambiental. Prevê-se que a procura de energia do país continue a crescer, impulsionada pela rápida urbanização e industrialização. Para satisfazer esta procura crescente, a Índia tem de diversificar o seu cabaz energético e reduzir a sua dependência dos combustíveis fósseis. O biogás comprimido (CBG), com o seu potencial para gerar energia limpa a partir de resíduos orgânicos, oferece uma solução promissora. O governo indiano tem vindo a promover ativamente o desenvolvimento do CBG através de várias iniciativas e políticas. O Ministério das Energias Novas e Renováveis (MNRE) estabeleceu um objetivo de 15 milhões de toneladas métricas de produção de GFC até 2025, o que deverá reduzir as emissões de gases com efeito de estufa em cerca de 15 milhões de toneladas por ano (Ministério das Energias Novas e Renováveis, 2022). Além disso, o governo introduziu políticas como a Política de Produção de Energia a partir do Biogás e a Política Nacional de Biogás, que visam promover o desenvolvimento da produção e utilização de GFC em todo o país (Ministério das Energias Novas e Renováveis, 2022).

1.1 Papel potencial do CBG na Índia

O papel potencial do CBG na consecução dos objectivos de segurança energética e sustentabilidade da Índia é significativo. Ao promover a produção e a utilização de CBG, a Índia pode reduzir a sua dependência dos combustíveis fósseis, diminuir as emissões de gases com efeito de estufa e aumentar a segurança energética. Além disso, o CBG pode contribuir para os esforços do país para alcançar o desenvolvimento sustentável, fornecendo uma fonte de energia limpa e fiável para vários sectores, incluindo os transportes, a indústria e a agricultura. O país tem vindo a promover ativamente o desenvolvimento do GFC como parte da sua estratégia mais ampla para reduzir a dependência dos combustíveis fósseis e alcançar a segurança energética (Biogas Association of India, 2020).

O Biogás Comprimido (CBG), também conhecido como Bio-CNG (Bio-Compressed Natural Gas), é um tipo de energia renovável derivada de matéria orgânica através da digestão anaeróbica. Este processo envolve a decomposição de biomassa, como resíduos agrícolas, resíduos alimentares ou outros resíduos orgânicos, na ausência de oxigénio, resultando numa mistura de metano e dióxido de carbono. O gás rico em metano (biogás) contém normalmente 50-75% de metano, juntamente com dióxido de carbono, sulfureto de hidrogénio e outros gases vestigiais, constituindo a base da produção de CBG. O gás é então comprimido a uma pressão de aproximadamente 200-250 bar, tornando-o adequado para utilização como uma alternativa de queima limpa aos combustíveis fósseis convencionais (European Biogas Association, 2021). À medida que o mundo transita para uma economia de baixo carbono, o CBG surgiu como uma alternativa promissora às fontes de energia tradicionais (International Renewable Energy Agency, 2020).

O processo de produção de CBG envolve várias etapas fundamentais:

a. **Digestão anaeróbia**: Após o pré-processamento, a matéria-prima é transportada para o digestor onde os organismos mesófilos ou termófilos facilitam o processo de digestão. Para reduzir a fase de atraso do período de arranque, a bio-augmentação é implementada através da introdução de microrganismos ou enzimas específicos. Tanto as culturas puras como os consórcios mistos são opções viáveis, mas estes últimos podem ser mais vantajosos devido às potenciais interações sinérgicas entre diferentes microrganismos. Materiais como o estrume de vaca e os excrementos de aves de capoeira são populares para aumentar a produção de biogás devido à abundância de microrganismos neles contidos, como mostra a **Figura 1** (Global Methane Initiative, 2020).

i. **Hidrólise**: As moléculas orgânicas complexas como os hidratos de carbono, as proteínas e as gorduras são decompostas em compostos mais simples como os açúcares, os aminoácidos e os ácidos gordos.

ii. **Acidogénese**: As bactérias acidogénicas convertem os produtos de hidrólise em ácidos gordos voláteis, álcoois, hidrogénio e dióxido de carbono.

iii. **Acetogénese**: As bactérias acetogénicas convertem os produtos da acidogénese em ácido acético, hidrogénio e dióxido de carbono.

iv. **Metanogénese**: As archaea metanogénicas convertem o acetato, o hidrogénio e o dióxido de carbono em metano e dióxido de carbono (Agency for Renewable Resources, 2020).

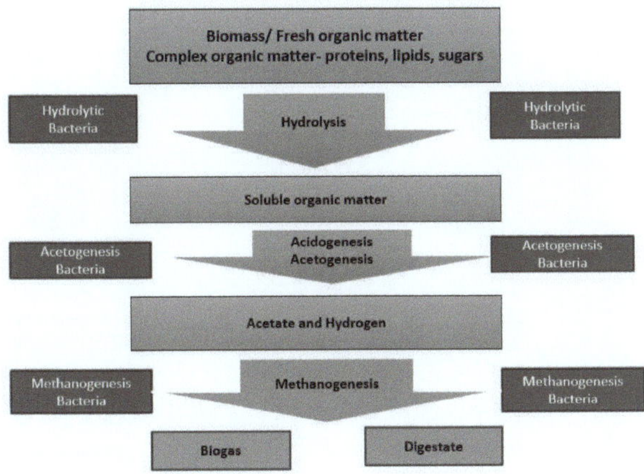

Figura 1: Diagrama de fluxo da digestão anaeróbia.

b. Técnicas de produção de CBG:

i. **Purificação do biogás**: O biogás bruto é purificado para remover o dióxido de carbono, o sulfureto de hidrogénio, a humidade e outros contaminantes do biogás bruto, a fim de aumentar o seu teor de metano e o seu valor calorífico. As tecnologias comuns de purificação do biogás incluem a depuração com água, a adsorção por oscilação de pressão (PSA), a depuração com aminas, a separação por membranas e a destilação criogénica (American Biogas Council, 2021).

ii. **Compressão**: Uma vez melhorado, o biogás é submetido a compressão a 250 bar de pressão para reduzir o seu volume e aumentar a sua pressão, resultando no biogás comprimido (CBG). A compressão é tipicamente conseguida utilizando compressores ou recipientes de armazenamento pressurizados, permitindo que o CBG seja armazenado e transportado de forma eficiente em cilindros ou gasodutos ou estações de reabastecimento para utilizadores finais, tais como veículos, residências, indústrias e centrais eléctricas (European Biogas Association, 2021).

iii. **Odorização**: O CBG é odorizado a um nível semelhante ao encontrado na distribuição local de gás natural, de acordo com a Norma Indiana IS 16087:2016 (Ministério do Petróleo e Gás Natural, 2021).

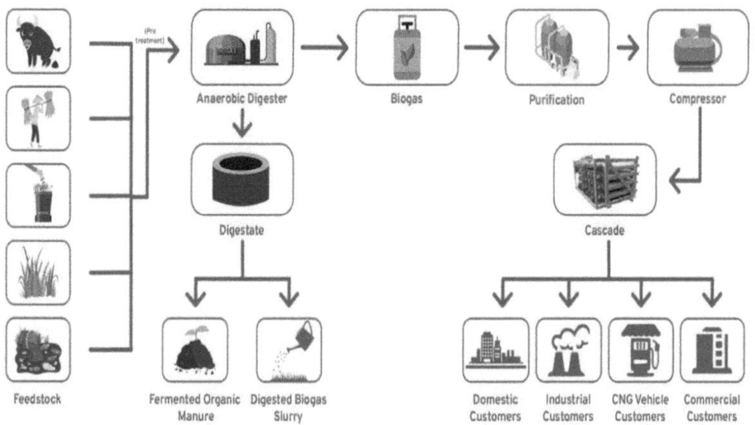

Figura 2: Distinção, processamento e aplicações da matéria-prima e da produção de biogás.

O CBG produzido através deste processo pode ser utilizado como combustível para veículos, produção de eletricidade e aplicações industriais, constituindo uma alternativa sustentável aos combustíveis fósseis. Além disso, o digerido que sobra do processo de digestão anaeróbica pode ser utilizado como fertilizante rico em nutrientes, criando um sistema de ciclo fechado que ajuda a reciclar os nutrientes. Em comparação com os combustíveis fósseis tradicionais, o CBG oferece vários benefícios ambientais e económicos, incluindo a redução das emissões de gases com efeito de estufa, a poupança de custos na compra de energia e o aumento da eficiência energética. Como uma tecnologia emergente de energia renovável, o CBG tem um potencial significativo para enfrentar os desafios da gestão de resíduos e fornecer uma alternativa sustentável aos combustíveis fósseis. Este processo alinha-se com o conceito de economia circular, valorizando os fluxos de resíduos orgânicos e reduzindo as emissões de gases com efeito de estufa associadas aos combustíveis fósseis convencionais (Programa das Nações Unidas para o Ambiente, 2019).

A procura crescente de fontes de energia sustentáveis e renováveis colocou em evidência o sector do biogás comprimido (CBG) na Índia. O CBG, derivado de várias matérias-primas de biomassa, oferece uma alternativa promissora aos combustíveis fósseis tradicionais, alinhando-se com os objectivos da Índia em matéria de segurança energética e sustentabilidade ambiental. No entanto, o sector enfrenta vários desafios que devem ser abordados para concretizar todo o seu potencial. Este estudo visa fornecer uma análise abrangente do sector de CBG, identificando esses desafios, avaliando o potencial e a eficiência das matérias-primas à base de biomassa, e avaliando os benefícios ambientais e sociais das fábricas de CBG (Sustainable Energy for All, 2019).

Os diversos recursos agrícolas e de resíduos orgânicos da Índia representam uma oportunidade única para a produção de CBG. As matérias-primas à base de biomassa, como os resíduos de culturas, o estrume animal e os resíduos orgânicos urbanos, podem ser convertidas em biogás, que é depois comprimido para produzir CBG. Este processo não só gera energia renovável como também ajuda na gestão de resíduos e na redução das emissões de gases com efeito de estufa. Apesar destas vantagens, o sector do GFC na Índia ainda se encontra numa fase incipiente, debatendo-se com obstáculos tecnológicos, financeiros, regulamentares e infra-estruturais (Agência Internacional da Energia, 2021).

A compreensão destes desafios é crucial para o desenvolvimento de estratégias eficazes para promover a produção de GFC. Além disso, a avaliação do potencial e da eficiência de diferentes matérias-primas de biomassa é essencial para otimizar o processo de produção de biogás e garantir a sustentabilidade das unidades de GFC. Para além dos aspectos técnicos e económicos, os benefícios ambientais e sociais das unidades de produção de GFC também necessitam de uma análise aprofundada. As unidades de GFC têm potencial para contribuir significativamente para a conservação do ambiente e o desenvolvimento rural, fornecendo energia mais limpa, reduzindo a poluição e criando oportunidades de emprego (Biogas Association of India, 2020).

1.2 Objectivos do estudo

Tendo em conta o que precede, é essencial compreender a relevância da adoção da tecnologia do biogás sob o ponto de vista das várias barreiras que impedem a sua penetração na Índia. Tendo isto em conta, os objectivos específicos da investigação são os seguintes

i. Identificar os desafios no sector da GFC.
ii. Identificar e registar os resíduos agrícolas adequados para conversões termoquímicas ou bioquímicas em energia e/ou matéria-prima química.
iii. Avaliar os benefícios ambientais e sociais das centrais de biogás comprimido (CBG) e desenvolver uma interface baseada no Microsoft Excel com uma

biblioteca offline para calcular o custo unitário (Rs/KWh) da energia produzida através dos sistemas de conversão acima mencionados para um cenário de consulta introduzido pelo utilizador.

O objetivo deste estudo é realizar uma análise abrangente do sector do biogás comprimido (CBG) na Índia. Isto implica a identificação dos desafios que impedem o crescimento do sector, a avaliação do potencial e da eficiência de várias matérias-primas à base de biomassa para a produção de biogás e a avaliação dos benefícios ambientais e sociais das unidades de produção de biogás comprimido. Ao atingir estes objectivos, o estudo visa fornecer perspectivas e recomendações acionáveis que possam apoiar o desenvolvimento de um sector de GFC robusto e sustentável na Índia. Este, por sua vez, contribuirá para a segurança energética, a conservação ambiental e o desenvolvimento socioeconómico do país.

A Índia está a promover ativamente a adoção do GFC para satisfazer a sua crescente procura de energia e reduzir a dependência das importações. O governo lançou a iniciativa SATAT (Sustainable Alternative Towards Affordable Transportation) para a criação de fábricas de GFC em todo o país, principalmente por empresários independentes (Ministério do Petróleo e do Gás Natural, 2024).

A Índia tem vindo a promover projectos de "transformação de resíduos em energia" utilizando a biometanação desde 1982, com o CBG a tornar-se um componente valioso do cabaz de energia verde do país ao abrigo do regime SATAT (MNRE, 2023). O governo indiano pretende estabelecer 5.000 fábricas de CBG até 2023-24, com um objetivo de produção de 15 milhões de toneladas métricas, criando combustíveis mais ecológicos e oportunidades de emprego (MNRE, 2023).

A Tabela 1 apresenta os 10 principais países com base no consumo total de energia. Observou-se que a maior parte do consumo de eletricidade, petróleo e carvão foi observada na China, nos EUA e na Índia, no que diz respeito ao consumo total, o que torna prioritária uma transição energética imediata para uma paragem drástica das fontes de energia convencionais utilizadas nos respectivos países. França e Brasil foram alguns dos melhores países com consumo adequado de petróleo e carvão per capita (Braga et al. 2013; Ferella et al. 2019; Mittal e Kushwaha 2024a; Yousef et al. 2018).

Quadro 1: Resumo da comparação e análise dos 10 principais países com base no consumo de eletricidade, petróleo e carvão em mil milhões de kWh, milhões de barris por dia e milhões de pés cúbicos, respetivamente (Braga et al. 2013; Ferella et al. 2019; Mittal e Kushwaha 2024a; Yousef et al. 2018).

Países	Consumo de eletricidade (mil milhões de kWh)	Consumo de óleo (Milhões de barris por dia)	Consumo de carvão (Milhões de pés cúbicos)

China	6875	14008	4320
EUA	3989	20543	731.1
Índia	1229	4920	966
Rússia	943	3699	230.4
Japão	904	3739	210.6
Canadá	553	2303	42.9
Coreia do Sul	540	2599	157.1
Brasil	534	3142	27.3
Alemanha	517	2346	257.5
França	449	1989	12.9

Na **Tabela 2**, o consumo total de energia corresponde ao total das 10 nações mais consumidas e, com base nisso, foi analisada e calculada a percentagem de energia renovável. Verificou-se que a Coreia do Sul tem a taxa mínima de Renováveis Modernas. Em contraste, o Brasil teve a maior participação de energias renováveis modernas, variando até 46,22%, afirmando que o Brasil é uma das melhores nações no consumo de petróleo e carvão e também apresentando uma quantidade significativa de sua energia como fontes de energia renováveis (Angelidaki et al. 2018; de Arespacochaga et al. 2014; Batlle-Vilanova et al. 2015; Chen et al. 2015; Mittal et al. 2024; Saché et al. 2019).

Quadro 2: Energias renováveis modernas, como o biogás, os biocombustíveis, as energias baseadas no hidrogénio, etc., e consumo total de energia com base nos países (Angelidaki et al. 2018; de Arespacochaga et al. 2014; Batlle-Vilanova et al. 2015; Chen et al. 2015; Mittal et al. 2024; Saché et al. 2019).

Países	Renováveis modernas	Consumo total de energia (MJ)

	(% do consumo total de energia)	
China	14.95	145.46
EUA	10.66	87.79
Índia	9.31	31.98
Rússia	6.62	28.31
Japão	11.43	17.03
Canadá	29.89	13.63
Coreia do Sul	3.72	11.79
Brasil	46.22	12.01
Alemanha	19.45	12.11
França	13.67	8.7

Quando se analisaram as emissões de CO_2, verificou-se que as emissões da China começaram tarde. Ainda assim, aumentaram exponencialmente, com o maior número de emissões, a seguir à China e aos Estados Unidos da América, cujas emissões estabilizaram nos últimos anos. A China e os Estados Unidos, juntamente com a Rússia, registaram um crescimento linear das emissões que pode ser perigoso nos próximos anos, **Figura 3**. Os dados mais surpreendentes analisados foram os da Índia, em que, depois de 2000, a Índia não só se neutralizou como está a registar valores de emissões decrescentes anualmente. Com este ritmo, a Índia irá provavelmente reduzir as emissões a zero até 2150. Por conseguinte, é necessário um combustível ou substituto energético com emissões líquidas absolutamente nulas ou que tenda para uma fonte de energia nula. Em contrapartida, essas fontes de energia incluiriam principalmente fontes de energia renováveis como o biogás, os biocombustíveis e as fontes de energia baseadas no hidrogénio. Apesar da imensa investigação e desenvolvimento que estão a decorrer na China, as emissões anuais de dióxido de carbono dispararam nos últimos anos. E continuarão a fazê-lo até que a China encontre uma fonte de energia sustentável adequada para reduzir as suas emissões maciças.

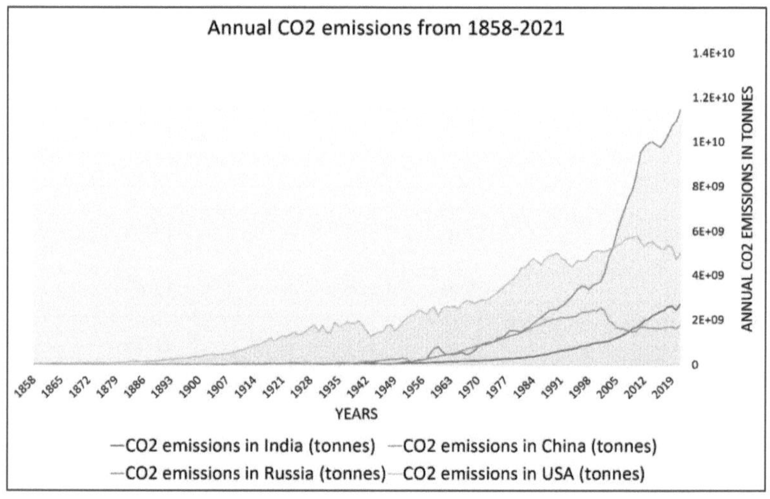

Figura 3: Análise comparativa das emissões anuais de CO_2 de 1858-2021 entre a Índia, a Rússia, a China e os EUA (https://www.ourworldindata.org/co2 2023).

2.1 Matéria-prima

As melhores matérias-primas para o biogás devem ser facilmente biodegradáveis, conter muita água e ter pouco material fibroso, como os lignocelulósicos (**Ammenberg e Feiz 2017; Feiz e Ammenberg 2017**). Encontrar a melhor matéria-prima para o biogás requer uma consideração cuidadosa de vários factores, incluindo o pH, sólidos totais/matéria seca, sólidos voláteis/matéria seca orgânica, carência química de oxigénio, azoto total Kjeldahl, azoto amoniacal e potencial bioquímico de metano (**Drosg et al. 2013**), como se mostra na **Figura 4**.

As silagens de milho e de erva são a principal matéria-prima das instalações de biogás agrícola baseadas na digestão anaeróbia. A matéria-prima deve ser conservada porque as unidades de biogás requerem alimentação constante para produzir biogás (**Jambo et al. 2016**). A biomassa agrícola utilizada para fazer silagem e ensilada como matéria-prima na digestão anaeróbia tem recebido pouca atenção dos investigadores. Há ainda muito trabalho a fazer neste domínio. Os sacarídeos, as proteínas e os lípidos apresentam proporções de metano de 60, 70-85 e 60-70 % v/v, respetivamente, sendo os lípidos os que produzem mais biogás (1,10-1,55 m^3kg^{-1}) e as proteínas os que produzem menos (0,55 - 0,7 m^3kg^{-1}) (Montgomery e Bochmann 2014), como demonstrado na **Figura 4**.

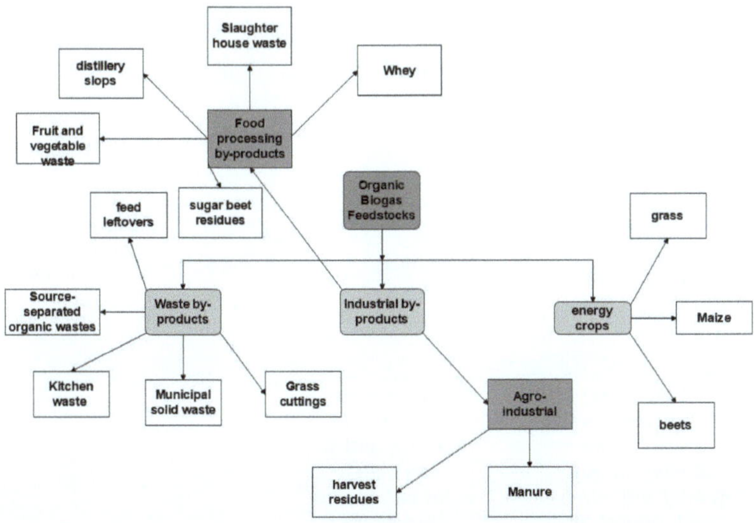

Figura 5. Correlação e resumo das matérias-primas de biogás orgânico diferenciáveis (Kalač 2011) .

Com todas as outras matérias-primas, a matéria-prima biogás orgânico tem mostrado imensas perspectivas futuras, tendo a capacidade de produzir biogás a partir de subprodutos de resíduos, subprodutos industriais e culturas energéticas.

2.2 Diferentes tipos de biocombustíveis

O combustível metano (biogás) tem sido uma das fontes de energia limpa desde a investigação em curso e a procura de energia limpa. Devido ao seu elevado rácio hidrogénio/carbono e ao seu papel significativo na redução das emissões de CO_2, os biogases têm recentemente atraído muito interesse. O biogás é composto principalmente por 60-65 % de metano e 35-40 % de CO2 (Chaemchuen, Zhou, e Verpoort 2016). No entanto, os biogases impuros, como o biogás bruto, contêm substâncias impuras, como H_2S, NH_3, água e siloxanos. No entanto, a matéria-prima a partir da qual o biogás é produzido determina a sua composição. O metano está presente no biogás a níveis de 80-96 %, o CO_2 está presente a 2 %, o O_2 está presente a 0,2-0,5 %, o H_2S está presente a 5 mg/m³, o NH_3 está presente a 3-20 mg/m³ e os siloxanos estão presentes a 5 %-10 mg/m³. O biogás melhorado, conhecido como biometano, pode substituir o gás natural na produção de produtos químicos em (Pieja, Morse e Cal 2017; Tilche e Galatola 2008; Xiaohua et al. 2007).

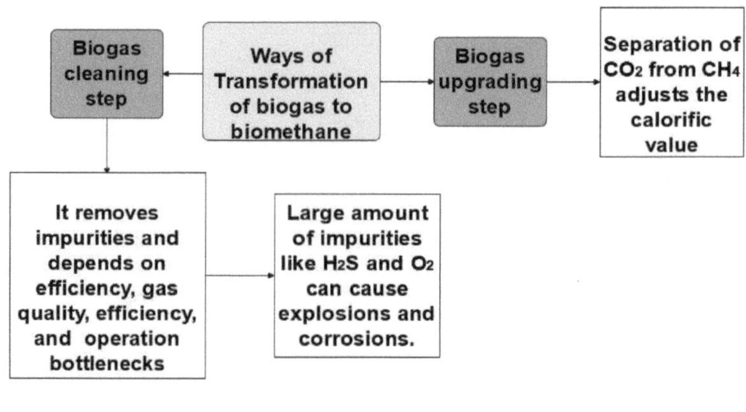

a)

b)

Figura 6: a) Várias etapas envolvidas na transformação do biogás em biometano e b) mostrando a configuração de aumento de escala industrial da absorção física de CO_2 sem regeneração utilizada para transformar o biogás em biometano.

Na **Figura 6a**, foi discutida a transformação do biogás em biometano, que consiste em etapas de limpeza e melhoramento do biogás. Os métodos de modificação incluem 1) a remoção de água, 2) a remoção de H_2S e 3) a remoção de CO_2 (ilustrado na **Figura 6b**). As sementes de colza (biodiesel) e os cereais (etanol) são os dois principais produtos agrícolas utilizados para produzir biocombustíveis nos países europeus. Nos Estados Unidos e no Brasil, o biocombustível mais importante é o bioetanol, produzido principalmente a partir do milho e da cana-de-açúcar (**Börjesson e Mattiasson 2008**). Devido às suas propriedades superiores, que reduzem as emissões de gases de efeito estufa e aumentam as reservas de combustível, o bioetanol é considerado uma alternativa à gasolina. Como o bioetanol é produzido a partir de matérias-primas comestíveis, como o milho e a cana-de-açúcar, seus custos de fabricação são mais elevados. O bioetanol de segunda e terceira geração é produzido a partir de matérias-primas pouco dispendiosas, uma vez que os custos de produção são mais elevados. O bioetanol de quarta geração está a ser desenvolvido para melhorar a capacidade das algas para reter o CO_2 e aumentar a produção de determinados produtos químicos, aumentando a produção de bioetanol de terceira geração (**Ahlgren e Di Lucia 2014; Bairamzadeh, Saidi-Mehrabad e Pishvaee 2018; Glenna e Cahoy 2009; Hellmann e Verburg 2011; Pérez-Fortes et al. 2012; Sewsynker-Sukai, Faloye e Kana 2017; Zimmerer 2013**). Como o custo de produção ainda é muito elevado em relação ao da gasolina, ainda não é comercializado. O bioetanol é um combustível líquido oxigenado que contém 35 % de oxigénio proveniente da fermentação microbiana de açúcar monomérico obtido a partir do milho, da soja e da cana-de-açúcar (**Rezania et al. 2020**).

O arranque de um motor movido a bioetanol pode ser difícil em tempo frio devido ao elevado calor de vaporização destes combustíveis (**Binod et al. 2010; Li, Liu e Liu 2014; Özçimen e Inan 2015; Toor et al. 2020**). Mas algumas das vantagens do bioetanol incluem a sua elevada taxa de octanas, que aumenta o desempenho e a eficiência do motor; o seu baixo ponto de ebulição; a sua grande inflamabilidade; a sua taxa de compressão e temperatura de vaporização mais elevadas; o seu conteúdo energético comparável; a sua natureza de combustão rápida; e o seu motor de combustão pobre. Por outro lado, os elevados custos de produção traduzem-se em despesas elevadas com matérias-primas, enzimas, desintoxicação e recuperação, respetivamente (Binod et al. 2010).

O bioetanol de primeira geração é o que se produz a partir de matérias-primas comestíveis como a cana-de-açúcar e o milho. Em contraste, o bioetanol de segunda geração é criado quando a lignocelulose - um material feito de celulose, lignina, proteína, cinzas e extrativos menores - é usada para fazer materiais como switchgrass, talos de milho, madeira, culturas herbáceas, resíduos de papel e produtos de papel, subprodutos agrícolas e florestais, resíduos de fábricas de celulose e papel, resíduos sólidos urbanos e resíduos industriais (Álvarez-Murillo et al. 2016; Barata 2008; Festel et al. 2014; Millinger et al. 2017; Mustapha, Trømborg, e Bolkesjø 2019; Petranović et al. 2017). A massa lignocelulósica é tipicamente facilmente disponível, de origem sustentável e barata de comprar, **Figura 7**. O bioetanol é chamado de bioetanol de 3ª geração (3G) se for gerado usando algas como matéria-prima. São utilizadas porque as algas mais facilmente acessíveis têm um elevado teor de hidratos de carbono e carecem de lenhina, o que reduz ainda mais o custo de fabrico (Li et al. 2014).

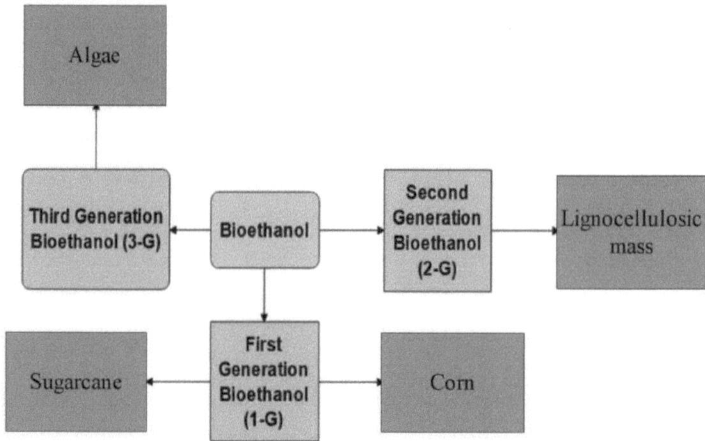

Figura 7. Diferentes tipos e gerações de bioetanol (Özçimen e Inan 2015).

Os amidos de milho são as principais matérias-primas utilizadas para a produção de bioetanol a nível mundial (aproximadamente 94% nos EUA, 99% na UE e 40% na beterraba sacarina). As culturas energéticas lenhosas (madeira macia e madeira dura) e herbáceas (gramíneas perenes), os resíduos agrícolas (palha de cereais, palha e bagaço), os resíduos florestais (serradura, poda e resíduos do desbaste da casca) e os componentes orgânicos dos resíduos sólidos urbanos são exemplos de matérias-primas lignocelulósicas. Emitem poucos gases com efeito de estufa, **Figura 8**. Menos de ~1 % do total de bioetanol produzido a nível mundial (em 2018, foram produzidas ~3 mil milhões de toneladas) utilizando biomassa lignocelulósica. A biomassa lignocelulósica é constituída por três componentes essenciais: lignina (10-25 %), hemicelulose (20-40 %) e celulose (40-60 %). Os processos de conversão bioquímicos e termoquímicos são os dois principais métodos de produção de bioetanol (Toor et al. 2020).

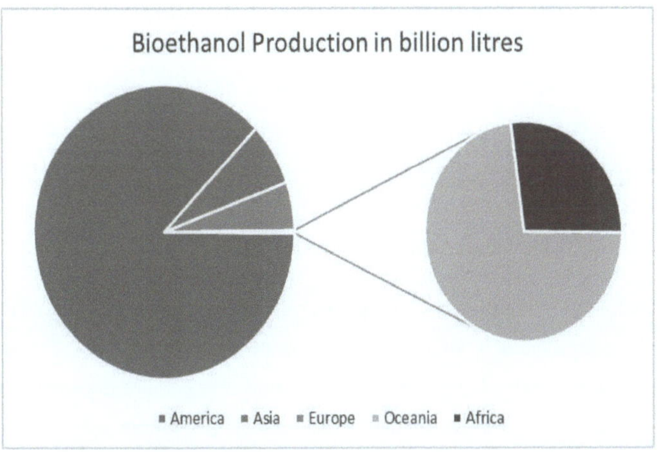

Figura 8. Análise da distribuição global da produção de bioetanol nos continentes, em bilhões de litros.

A Indian Oil Corporation (IOC) desenvolveu um processo de biometanação em duas fases para melhorar a eficiência e a qualidade da produção de CBG, abordando desafios como o baixo teor de metano e os elevados custos de purificação (IOC, 2023). As tecnologias de biometanação existentes utilizadas na Índia têm várias limitações, tais como grandes volumes de reactores, elevados tempos de retenção hidráulica (HRT), elevadas despesas de capital (CAPEX), baixo teor de metano no biogás bruto, baixo rendimento de biogás, elevado custo de purificação e grande pegada (IOC, 2023). Para fazer face a estes desafios, a Indian Oil Corporation (IOC) desenvolveu um processo inovador de biometanização em duas fases, utilizando inoculantes indígenas tolerantes ao ambiente. Esta tecnologia produz maiores rendimentos de biogás com um teor mais elevado de metano e um teor reduzido de

CO2, adequado para múltiplas matérias-primas (IOC, 2023).

2.3 Métodos de produção de biogás e biocombustíveis a partir de resíduos biológicos

A digestão anaeróbia é uma técnica alternativa eficaz que combina a produção de biocombustível com uma gestão de resíduos amiga do ambiente e numerosos avanços tecnológicos na indústria do biogás para melhorar a produção e a qualidade do biogás (Bamisaye et al. 2023; Elfasakhany 2021; Lewis e Kelly 2014; Taubert, Frank e Huth 2012). Os principais factores que contribuem para o seu sucesso crescente são o baixo custo da matéria-prima disponível e a vasta gama de utilizações do biogás, como combustível, eletricidade e aquecimento. O CO_2 é a principal causa do aumento das emissões atmosféricas de GEE. Sendo um processo ambientalmente benigno e energeticamente eficiente, a digestão anaeróbia tem muitas vantagens sobre outros tipos de bioenergia (Achinas, Achinas e Euverink 2020).

Para a produção de resíduos biológicos, podem ser utilizadas muitas fontes lignocelulósicas, incluindo estrume e resíduos de frutas e legumes, e a digestão anaeróbia pode ser utilizada tanto em pequenas como em grandes dimensões, **Figura 9**. A incineração e a deposição em aterro são algumas das formas mais modernas de lidar com os resíduos biológicos (Nabipour et al. 2020; Zhang et al. 2016; Zhang, Johnson e Johnson 2012). No entanto, ambas têm os seus contras, uma vez que utilizam uma grande quantidade de terrenos valiosos e produzem gases cancerígenos e perigosos, **Figura 10**. A principal razão pela qual os resíduos biológicos são susceptíveis são os componentes estruturais das células, a celulose e a hemicelulose (van Wyk 2001).

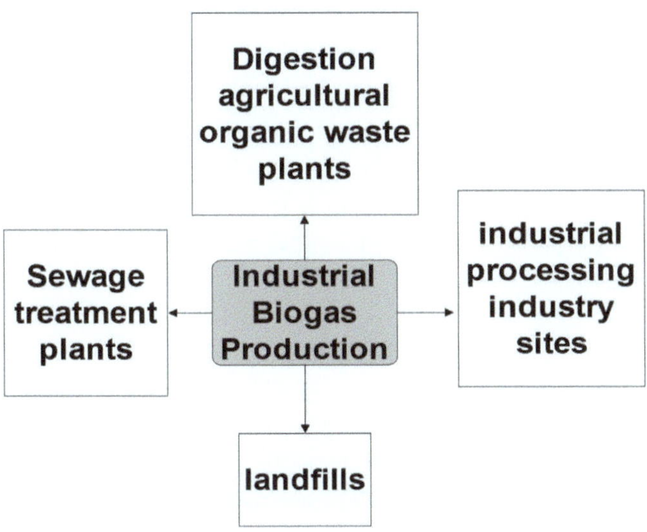

Figura 9: Diferentes formas de produção industrial de biogás.

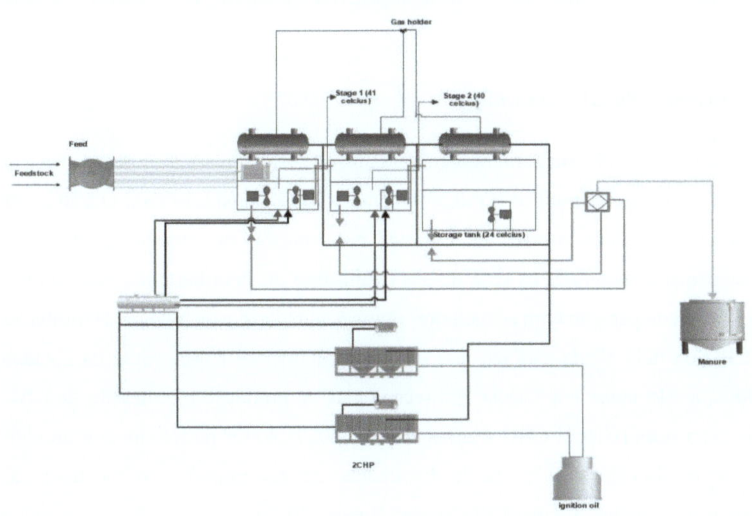

Figura 10: Funcionamento de uma central de biogás para a produção de biocombustíveis.

2.4 Utilizações do biogás e dos biocombustíveis

O metano do biogás pode ser utilizado para produzir uma variedade de combustíveis, incluindo os destinados à eletricidade, ao calor e aos transportes. No que respeita ao impacto dos gases com efeito de estufa, o CO2 produzido pela combustão do metano ou do biogás é considerado neutro. O biogás e os biocombustíveis têm uma vasta gama de aplicações potenciais na utilização de energia. A combustão direta, a criação de energia através de células de combustível, microturbinas e produção de calor e eletricidade ((Capodaglio et al. 2016)CHP) são algumas das aplicações diretas dos biocombustíveis .

 Numa escala modesta, o biogás produzido pelos digestores pode ser utilizado para cozinhar. Quando se testou a eficiência do biogás na cozedura de arroz, feijão e água, os resultados foram 56%, 53% e 20%, respetivamente. O biogás pode mesmo ser utilizado em motores de injeção direta, monocilíndricos, de compressão e de ignição quando aplicado em grande escala. Pode também ser modificado para criar eletricidade através de células de combustível duplas. Se o biogás for transmitido por um sistema de linha de gás e utilizado numa caldeira doméstica que funcione eficientemente, pode atingir uma eficiência de cerca de 90% (Colzi Lopes et al. 2018; Makareviciene et al. 2013; Ramírez e Gómez 2015; Tena-García, Casillas-Ramírez e Suárez-Alcántara 2021).

2.5 Panorama do GFC na Índia

A iniciativa SATAT visa garantir a compra, em que as empresas de comercialização de petróleo do sector público (OMC) comprarão CBG a uma taxa fixa. O CBG será inicialmente vendido através de cascatas nas estações de serviço das OMC e posteriormente integrado na rede de gás (Ministério do Petróleo e do Gás Natural, 2024). Em comparação com as melhores práticas mundiais, a tecnologia de produção de CBG da Índia ainda está em fase de desenvolvimento. Países como os Estados Unidos, a Alemanha e a Suécia têm tecnologias de produção e utilização de CBG mais avançadas (Global CBG Market Report, 2023). Esses países integraram com sucesso o CBG em suas redes de distribuição de gás natural e combustíveis de transporte existentes (Global CBG Market Report, 2023).

No entanto, os esforços da Índia para promover a produção e utilização de GFC são promissores. A iniciativa SATAT e o desenvolvimento de tecnologias indígenas, como o processo de biometanação da IOC, demonstram o empenho da Índia em adotar o GFC como uma solução energética sustentável (IOC, 2023). As tecnologias avançadas para a produção de CBG incluem sistemas eficientes de digestão anaeróbica, técnicas de purificação de biogás e tecnologias de compressão para produzir CBG de alta qualidade adequado para várias aplicações (MNRE, 2023).

O investimento inicial e os custos operacionais para a instalação de uma fábrica de biogás comprimido (CBG) na Índia são significativos, mas existem várias opções de financiamento e incentivos disponíveis para tornar estes projectos economicamente viáveis e rentáveis (Canara Bank, 2023). A Associação Indiana de Biogás recomendou um investimento de ₹30.000 crore para máquinas e equipamentos necessários para o fornecimento de biomassa às fábricas de CBG . Este investimento seria necessário para resolver a questão do fornecimento de biomassa nos estados com a maior quota de produção de biomassa como Punjab, Uttar Pradesh, Gujarat, Maharashtra, Madhya Pradesh e Andhra Pradesh (Indian Biogas Association, 2023).

O governo indiano oferece várias opções de financiamento para projectos de CBG, incluindo subsídios governamentais, subsídios e créditos fiscais. Bancos do sector público como o Canara Bank e o Bank of Baroda lançaram esquemas para financiar fábricas de CBG, oferecendo empréstimos a prazo até ₹100 crores com taxas de juro competitivas (Canara Bank, 2023). O governo fornece um subsídio de capital para projectos CBG, sujeito à disponibilidade de notificação do Ministério das Energias Novas e Renováveis (MNRE) (MNRE, 2023). Os projectos de GFC podem gerar créditos de carbono através do Mecanismo de Desenvolvimento Limpo (MDL) no âmbito da Convenção-Quadro das Nações Unidas sobre Alterações Climáticas, proporcionando uma fonte adicional de receitas (UNFCCC, 2023).

O mercado global de CBG está a crescer rapidamente, prevendo-se que atinja 2,91 mil milhões de dólares até 2025, crescendo a uma taxa de crescimento anual composta de 16,4% de 2016 a 2025 (Global CBG Market Report, 2023). Espera-se que o sector dos transportes seja o maior mercado para o CBG, seguido pelos sectores de produção de eletricidade e industrial (Global CBG Market Report, 2023). O esquema de Assistência ao Desenvolvimento de Mercado (MDA) fornece suporte de ₹ 1,5 por kg de estrume orgânico fermentado (FOM) produzido a partir de usinas de biogás, aumentando ainda mais a viabilidade econômica dos projetos de CBG

(MNRE, 2023).

A disponibilidade das infra-estruturas necessárias para o desenvolvimento das unidades de produção de biogás comprimido (CBG) é crucial para o êxito do seu funcionamento e sustentabilidade. Na Índia, o governo lançou iniciativas para promover a produção de GFC utilizando diversas fontes, como resíduos agrícolas e urbanos (Ministério do Petróleo e do Gás Natural, 2024). Apesar do apoio significativo do governo, mais de 90% das instalações operacionais de GFC estão a funcionar abaixo da sua capacidade de produção prevista, o que realça a necessidade de um maior desenvolvimento das infra-estruturas (Indian Biogas Association, 2023).

Os actuais Centros de Desenvolvimento e Formação em Biogás (BDTC) criados pelo Ministério das Energias Novas e Renováveis da União devem ser recriados, reforçando as suas competências técnicas e infra-estruturas de investigação, transformando-os em Centros de Desenvolvimento e Formação em Biogás Comprimido (MNRE, 2023). Os BDTC necessitam de instrumentos científicos avançados para testar o potencial do biometano nas matérias-primas e avaliar o teor de nutrientes do estrume orgânico fermentado sólido e líquido, devendo ser estabelecida uma taxa razoável para análises atempadas (MNRE, 2023). A estrutura de pessoal dos BDTC precisa de ser aumentada com indivíduos com fortes conhecimentos técnicos em CBG e experiência relevante, e os seus salários devem ser revistos para se equipararem a posições de nível científico (MNRE, 2023).

O Canara Bank oferece um esquema para o financiamento de fábricas de CBG, fornecendo empréstimos a prazo até ₹100 crores com taxas de juro competitivas e um período de reembolso de 10-15 anos (Canara Bank, 2023). O regime está disponível para os empresários a quem foi atribuída uma carta de intenções (LOI) pelas empresas de comercialização de petróleo e gás (OMC) para o fornecimento de biogás comprimido ao abrigo do regime SATAT (Ministério do Petróleo e do Gás Natural, 2024). A subvenção de capital está sujeita à disponibilidade de notificação do Ministério das Energias Novas e Renováveis (MNRE) e baseia-se no desempenho do projeto durante pelo menos três meses consecutivos (MNRE, 2023).

De acordo com a Indian Biogas Association (IBA) 2023, a Índia produz anualmente cerca de 500 milhões de toneladas de resíduos agrícolas, das quais 120-150 milhões de toneladas são excedentárias e podem ser utilizadas para aplicações bioenergéticas como a produção de CBG. O potencial estimado de CBG a partir de resíduos agrícolas na Índia é de cerca de 20 MMT. A Índia tem uma grande população pecuária, gerando quantidades significativas de resíduos animais que podem ser utilizados para a produção de CBG. O potencial estimado de CBG a partir de resíduos de animais e aves de capoeira na Índia é de cerca de 25 MMT, representando 41% do potencial total. O estrume de gado é normalmente utilizado como matéria-prima nas instalações de produção de GFC, com uma necessidade diária de 250 kg para uma instalação de produção de biogás para veículos de 2 e 4 rodas. A Índia gera anualmente cerca de 62 milhões de toneladas de resíduos sólidos urbanos, com um potencial de GFC estimado em 5 MMT. Os resíduos de cozinha são utilizados como matéria-prima numa unidade de produção de biogás de 250 kg por dia, com uma área de 1500 m² e lavagem com água para purificação do biogás. A segregação na origem dos resíduos urbanos é crucial para uma produção eficiente de CBG, uma vez que os resíduos não segregados colocam desafios operacionais.

O capim-napier, também conhecido como capim-elefante, é uma cultura energética promissora para a produção de CBG na Índia, especialmente na região nordeste. O capim-napier pode produzir 150-200 toneladas por acre anualmente, com uma variedade híbrida chamada Super Napier a produzir até 350-400 toneladas por acre (IBA, 2023). Estudos sugerem que 20 toneladas de capim-napier podem produzir 1 tonelada de CBG, e a co-digestão com estrume de vaca ou resíduos alimentares pode resultar em rendimentos mais elevados em comparação com a utilização exclusiva de capim-napier (IBA, 2023).

2.6 Análise de modelos económicos de biogás e biocombustíveis a partir de resíduos biológicos

Ano	Mercado global de centrais de biogás (Dimensão em mil milhões de dólares)
2020	3.1

2022	3.46
2023	3.84
2027	5.57
2028	6.1

Quadro 3: Projecções da dimensão do mercado global de unidades de biogás de 2020 a 2028 com base em taxas de crescimento anual compostas.

Na **Figura 11**, quando o tamanho total do mercado global de usinas de biogás foi analisado em termos de dólares dos Estados Unidos (USD), observou-se que em 2020, o tamanho anual do mercado era de US $ 3,10 bilhões, que aumentou a uma taxa composta de crescimento anual (CAGR) de aproximadamente 11% para US $ 3,84 bilhões em 2023 e espera-se projetar para US $ 5,57 bilhões e US $ 6,1 bilhões em 2027 e 2028, respetivamente.

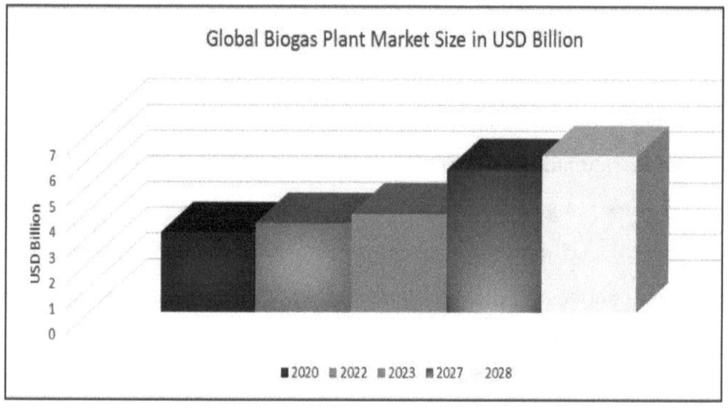

Figura 11: Dimensão do mercado mundial das unidades de biogás, em mil milhões de dólares, mostrando um crescimento considerável e constante da procura.

Na **Figura 12**, quando a procura total de energia da Índia foi dividida em carvão, petróleo, gás natural, biomassa convencional, energias renováveis modernas como o biogás, biocombustíveis, etc., em termos de Mtep, que é conhecido como mega toneladas de equivalente de petróleo, verificou-se que houve um grande aumento na procura total de energia de 2000 a 2010 a 2020 de 441 Mtep para 700 Mtep, em termos de Mtep, que é conhecido como mega toneladas de equivalente de petróleo, verificou-se que houve um forte aumento na procura total de energia de 2000 a 2010 a 2020 de 441 Mtep para 700 Mtep e 880 Mtep, respetivamente, com a utilização de biogás e biocombustíveis de 4,41 Mtep em 2000, para 14 Mtep em 2010 e 26,4 Mtep em 2020.

Quadro 4: Análise dos diferentes tipos de procura de energia na Índia.

Ano	Carvão (Mtep)	Petróleo (Mtep)	Gás natural (Mtep)	Biomassa convencional (Mtep)	Renováveis modernas, biogás, biocombustíveis (Mtep)	Procura total (Mtep)
2000	145.53	110.25	22.05	114.66	4.41	441
2010	280	161	56	133	14	700
2019	408.76	241.54	55.74	111.48	27.87	929
2020	387.2	220	52.8	114.4	26.4	880

O quadro 4 apresenta as diferentes necessidades de carvão, petróleo, gás natural, biomassa convencional e energias renováveis modernas, bem como a soma total das necessidades energéticas da Índia. O mercado é calculado em Mega Toneladas de Petróleo Equivalente, também conhecido como Mtep, a partir de 2000 e projetado até 2020. A análise mostrou que o consumo de carvão aumentou 180 % entre 2000 e 2019, mas depois, com o forte confinamento e a pandemia de covid-19, o consumo diminuiu, mas agora, em 2023, assumiu uma trajetória de maior crescimento do que em 2019 (Davis et al. 2012; Kodros et al. 2015; Mo et al. 2022; Mutaqin et al. 2019; Scarlat, Dallemand e Fahl 2018; Shi et al. 2018; Wu, Liu e Li 2012; ZHANG et al. 2010). Verifica-se um aumento semelhante nas fontes de energia convencionais, como o petróleo, o gás natural e a biomassa convencional. Positivamente, com um aumento da procura de energia tradicional, registou-se um crescimento semelhante nas energias renováveis modernas. Com este aumento, a proporção de energias renováveis modernas é ainda muito menor, situando-se em média em cerca de 3% da procura total de energia (Demirbas 2008; Hasan et al. 2023; Lee e Lee 2008).

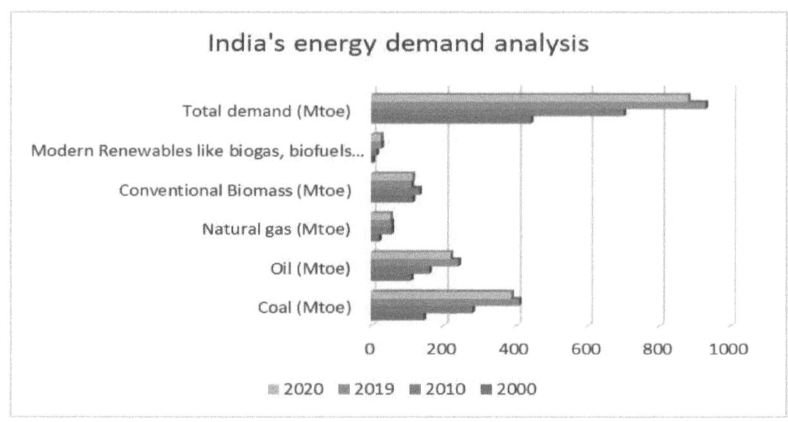

Figura 12: Dissecação da procura crescente de energia na Índia em carvão, petróleo, gás natural e biocombustíveis, em termos de Mtep.

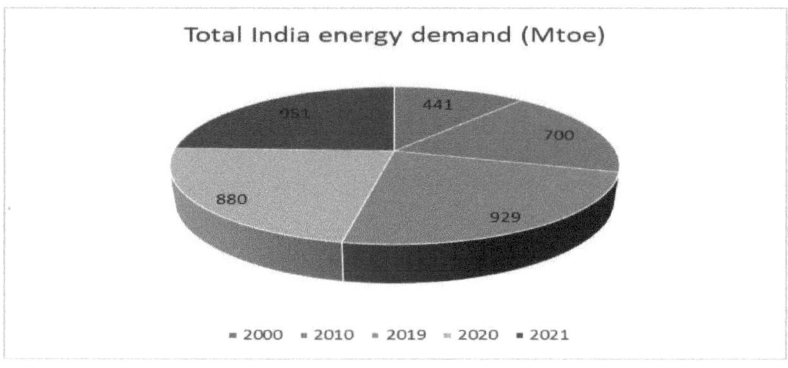

Figura 13: Aumento da procura total de energia na Índia observado desde 2000

Na **Figura 13**, quando olhamos para o aumento da procura de energia ao longo da década, vemos que as pessoas têm finalmente acesso à energia e que existe uma iniciativa agravante de ter energia e eletricidade mesmo nos locais mais remotos da Índia. Devido a este facto, a procura de energia também aumentou; um dos desafios significativos enfrentados durante o aumento rápido e exponencial da procura de energia foi o facto de a fonte de energia utilizada ter sido as fontes de energia tradicionais, como o carvão, os combustíveis fósseis e os gases naturais. (Blanco Fonseca et al. n.d.; Janda, Kristoufek, e Zilberman 2012; Rozakis e Sourie 2005;

Sarkar e Aikat 2013; Song et al. 2016; Xia, Cheng, e Murphy 2016)A utilização de tais fontes de energia teve consequências sob a forma de emissões de carbono, sustentabilidade significativamente menor, alterações climáticas, aquecimento global, etc. Com a crescente procura exponencial de energia na Índia, é também necessário utilizar energias renováveis modernas como o biogás, os biocombustíveis e as energias baseadas no hidrogénio, etc. Mesmo que sejam utilizadas fontes de energia convencionais, há muita investigação sobre gases naturais sintéticos e sustentáveis, também conhecidos como SNG, que podem ser uma excelente alternativa intermédia ao biogás e aos biocombustíveis.

2.7 Perspectivas futuras e desafios dos modelos de biogás

Algumas das perspectivas futuras e dos desafios a enfrentar para melhorar a eficiência dos modelos de biocombustíveis e biogás foram o aumento de escala, o encontro da disponibilidade de bioenergia com a disponibilidade de biomassa, modelos de energia mais sustentáveis que apoiem a economia de base biológica e uma maior atenção à tecnologia avançada para que esses modelos prevaleçam na produção de biogás nos países em desenvolvimento e subdesenvolvidos, transporte e produção de biocombustíveis em grande escala que reduzam o custo unitário de produção, captura de emissões de carbono e CO_2 para uma bioeconomia mais ecológica e, por último, uma maior sensibilização das pessoas para uma maior utilização dos biocombustíveis.

Com os muitos avanços já realizados no domínio do biogás e dos biocombustíveis, existem ainda muitos âmbitos e um vasto leque de investigação em matéria de modelos e, mais especificamente, de modelos sustentáveis, que prevalecerão mais no futuro. A eficiência dos recursos e a redução dos gases com efeito de estufa são dois dos maiores obstáculos à produção de biogás e de biocombustíveis. No entanto, estas dificuldades podem ser ultrapassadas através do aumento da produção utilizando culturas energéticas, subprodutos da produção de etanol ou biodiesel, bem como a digestão de restos orgânicos.

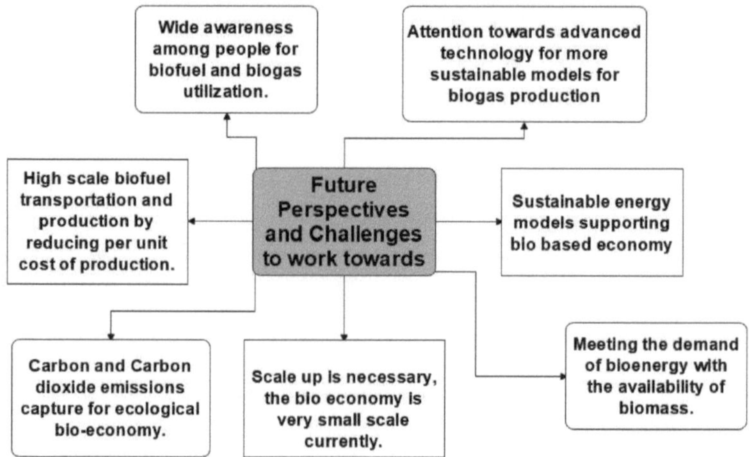

Figura 14: Perspectivas e desafios futuros para os modelos de biogás e biocombustíveis .

CAPÍTULO 3: METODOLOGIA

Esta investigação utiliza uma metodologia abrangente que combina abordagens qualitativas e quantitativas para atingir os objectivos declarados. O estudo visa fornecer informações sobre os desafios, o potencial e os benefícios do sector do biogás comprimido (CBG) na Índia. Os passos seguintes descrevem a metodologia adoptada para esta investigação:

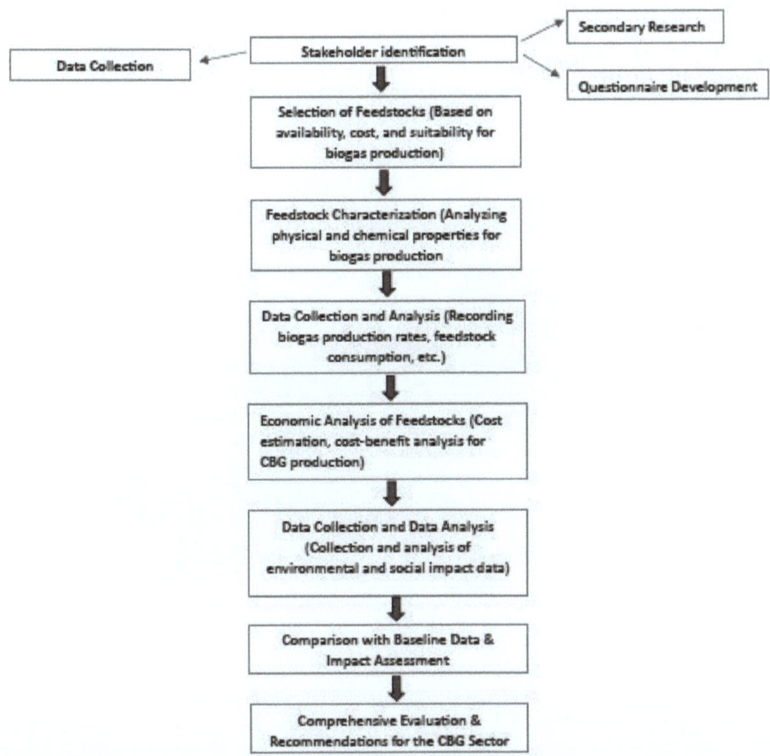

Figura 15: Etapas cronológicas da metodologia desta investigação.

3.1 Área de estudo

Uttar Pradesh

Uttar Pradesh, localizado no norte da Índia, é um estado com imenso potencial para a produção de biogás comprimido (CBG). Desempenha um papel crucial no panorama nacional da bioenergia, contribuindo com aproximadamente 24% do potencial total de produção de GFC da Índia. O estado tem capacidade para produzir cerca de 15 milhões de toneladas métricas de CBG anualmente, principalmente a partir dos seus vastos recursos agrícolas. A diversidade geográfica do Uttar Pradesh, que inclui planícies férteis, rios e uma variedade de zonas climáticas, suporta uma vasta gama de matérias-primas de biomassa essenciais para a produção de CBG.

A área de estudo centra-se em quatro regiões-chave do Uttar Pradesh, cada uma das quais acolhe uma unidade de biogás. Estas regiões foram selecionadas com base no seu potencial de disponibilidade de biomassa, na proximidade de actividades industriais e na densidade populacional, o que as torna adequadas para o estabelecimento e estudo de unidades de produção de GFC.

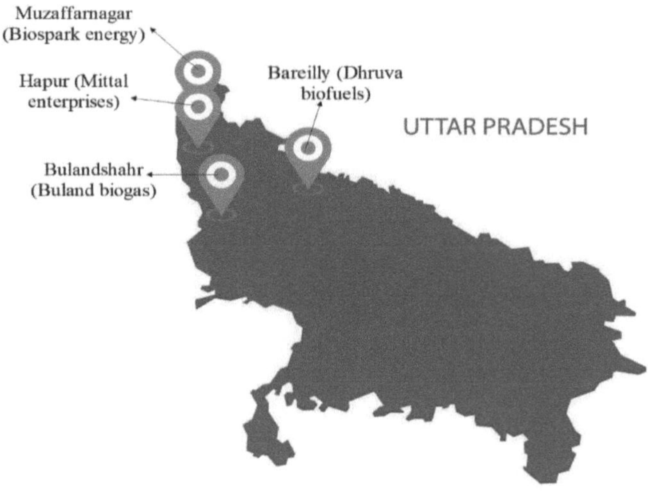

Fig 16: Área de estudo

1. **Biospark Energy Pvt. Ltd.**

- **Distrito:** Muzaffarnagar

- **Tehsil:** Muzaffarnagar Sadar

- **Código de identificação:** 251001

- **População:** Aproximadamente 4.143.512 (Censo Populacional, 2024)

- **Capacidade:** 4 TPD

O Biospark, Muzaffarnagar está localizado num distrito conhecido pela sua forte base agrícola e industrial. Muzaffarnagar, parte da NCR, tem uma população de aproximadamente 392.451 habitantes. A fábrica utiliza uma variedade de matérias-primas, incluindo lama de prensa de cana-de-açúcar e resíduos sólidos urbanos, para produzir CBG. O funcionamento desta fábrica ajuda na gestão de resíduos, reduz as emissões de gases com efeito de estufa e gera energia renovável, beneficiando tanto a economia local como o ambiente. O distrito apoia os engenhos de açúcar, a agricultura e as unidades de fabrico em pequena escala.

2. **Biogás Buland**

- **Distrito:** Bulandshahr

- **Tehsil:** Bulandshahr Sadar

- **Código de identificação:** 203001

- **População:** Aproximadamente 4.250.000 (Censo Populacional, 2024

- **Capacidade:** 3,5 TPD

A Buland Biogas está situada em Bulandshahr, uma cidade na parte ocidental de Uttar Pradesh e parte da Região da Capital Nacional de Deli (NCR). A cidade é conhecida pelas suas actividades agrícolas e industriais de pequena escala. A central de biogás desta cidade aproveita os resíduos agrícolas locais, como a palha de trigo e a casca de arroz, para produzir biogás comprimido (CBG). A cidade tem uma população de aproximadamente 4.25.000 habitantes e beneficia da sua proximidade com os grandes centros urbanos, o que facilita a distribuição e a utilização do CBG. O solo aluvial fértil e o lençol freático estável sustentam a base agrícola necessária para o fornecimento de matéria-prima para a usina de biogás.

3. **Dhruva Biofuels Pvt. Ltd.**

- **Distrito:** Bareilly

- **Tehsil:** Fareedpur

- **Código de identificação:** 243123

- **População:** Aproximadamente 2.879.950 (Censo Populacional, 2024)

- **Capacidade:** 5 TPD

A Dhruva Biofuels, Fareedpur, Bareilly está situada na região de Rohilkhand, no Uttar Pradesh, conhecida pelas suas planícies férteis e recursos hídricos abundantes. A fábrica utiliza vários resíduos agrícolas e estrume de vaca para produzir CBG. Bareilly tem uma população de aproximadamente 2.879.950 habitantes e apresenta uma mistura de áreas urbanas e rurais. A central de biogás contribui para a gestão de resíduos, reduz as emissões de gases com efeito de estufa e fornece uma fonte de energia sustentável à comunidade local. A região acolhe indústrias relacionadas com a agricultura, transformação de alimentos e fabrico em pequena escala.

4. **Empresas Mittal**

- **Distrito:** Hapur

- **Tehsil:** Garhmukteshwar

- **Código PIN:** 245101

- **População:** Aproximadamente 371.000 (Censo Populacional, 2024)

- **Capacidade:** 4 TPD

A Mittal Enterprises, Garhmukteshwar, Hapur explora uma unidade de biogás em Garhmukteshwar, uma cidade no distrito de Hapur, perto do rio Ganges. Garhmukteshwar é conhecida pelo seu significado religioso e pelas suas actividades agrícolas. A cidade tem uma população de cerca de 371.000 habitantes, que se dedicam principalmente à agricultura. A central de biogás converte resíduos agrícolas e outra biomassa em CBG, apoiando os agricultores locais através de um fluxo de receitas adicional e contribuindo para a sustentabilidade ambiental da cidade. A região é palco de agricultura, turismo religioso e agro-indústrias de pequena escala.

3.2 Metodologia

Objetivo 1: Identificar os desafios que impedem o crescimento da indústria.

A análise visava identificar e compreender as barreiras que impedem o crescimento do sector de GFC no Uttar Pradesh. A metodologia incluiu:

Identificação das partes interessadas

- Identificou condicionalismos comuns, tais como questões regulamentares, barreiras financeiras, desafios tecnológicos e falta de sensibilização.

- Mapeamento das principais partes interessadas no sector de GFC, incluindo organismos governamentais, empresas privadas, comunidades locais e instituições financeiras.

- Compreendeu o papel e a influência de cada parte interessada na adoção e implementação de projectos de GFC.

Desenvolvimento de questionários:

- Concebeu um questionário pormenorizado destinado a recolher informações exaustivas sobre os desafios enfrentados pelas partes interessadas.

- Assegurar que o questionário abrangesse vários aspectos, tais como políticas regulamentares, incentivos financeiros, capacidades tecnológicas e condições de mercado.

Recolha de dados:

- Realização de entrevistas com as partes interessadas da Buland Biogas, Mittal Enterprises, Dhruva Biofuels e Biospark Energy.

- Recolha de dados quantitativos e qualitativos para compreender os condicionalismos específicos enfrentados por cada grupo de partes interessadas.

Análise de dados:

- Analisou os dados recolhidos para identificar temas e padrões comuns relacionados com os constrangimentos no sector da GFC.

Objetivo 2: Identificar e registar os resíduos agrícolas adequados para conversões termoquímicas ou bioquímicas em energia e/ou matéria-prima química.

A avaliação centrou-se na avaliação do potencial e da eficiência das matérias-primas à base de biomassa para a produção de CBG. A metodologia incluiu:

Seleção de matérias-primas:

- Identificou várias matérias-primas de biomassa utilizadas nas instalações do estudo de caso, tais como lama de prensa, estrume de vaca e resíduos sólidos urbanos.

- Matérias-primas selecionadas com base na disponibilidade, custo e adequação à produção de biogás.

Caracterização das matérias-primas:

- Analisou as propriedades físicas e químicas das matérias-primas selecionadas para determinar a sua adequação à produção de biogás.

Recolha e análise de dados:

- Dados registados sobre as taxas de produção de biogás, o consumo de matéria-prima e a qualidade do digerido.

- Comparou o desempenho de diferentes matérias-primas para determinar as opções mais eficientes e económicas.

Análise económica:

- Estimativa do custo da produção de biogás para cada matéria-prima, incluindo a aquisição da matéria-prima, o processamento e os custos operacionais.

- Realizou uma análise de custo-benefício para avaliar a viabilidade económica da utilização de diferentes matérias-primas para a produção de CBG.

- Resumiu as conclusões num relatório pormenorizado que destaca o potencial e a eficiência de diferentes matérias-primas à base de biomassa.

- Forneceu recomendações sobre as melhores opções de matérias-primas para a produção de CBG em grande escala no Uttar Pradesh.

Objetivo 3: Avaliar os benefícios ambientais e sociais das centrais de biogás comprimido (CBG) e desenvolver uma interface baseada no Microsoft Excel com uma biblioteca offline para calcular o custo unitário (Rs/KWh) da energia

produzida através dos sistemas de conversão acima mencionados para um cenário de consulta introduzido pelo utilizador.

A avaliação teve como objetivo avaliar os benefícios ambientais e sociais das plantas CBG. A metodologia incluiu:

Investigação secundária:

- Efectuou uma análise exaustiva dos relatórios, estudos e bases de dados existentes sobre os impactos ambientais e sociais das fábricas de GFC.

- Analisou dados de fontes como publicações governamentais, revistas académicas e relatórios da indústria.

Consultas às partes interessadas:

- Analisámos os relatórios e estudos existentes que incluem o feedback das comunidades locais, dos organismos governamentais e de outras partes interessadas sobre os benefícios e desafios percebidos das fábricas de GFC.

- Sintetizou informações de fontes secundárias para compreender os impactos sociais e económicos nos residentes locais.

Recolha e análise de dados:

- Recolha e análise de dados secundários sobre parâmetros ambientais, como a redução de emissões, o tratamento de resíduos e a utilização de recursos.

- Recolha e análise de dados secundários sobre parâmetros sociais, tais como taxas de emprego, níveis de rendimento e indicadores de desenvolvimento comunitário.

Comparação com dados de base:

- Comparou os dados secundários recolhidos com os dados ambientais e sociais de base para avaliar as melhorias introduzidas pelas fábricas de GFC.

- Identificou áreas onde as plantas CBG tiveram os impactos positivos mais significativos.

- Apresentou recomendações para melhorar os impactos positivos dos projectos de GFC nas comunidades locais e no ambiente.

Seguindo esta metodologia, pretendemos fornecer uma avaliação abrangente do sector de GFC no Uttar Pradesh, identificando os desafios e as oportunidades de crescimento, avaliando o potencial e a eficiência das matérias-primas à base de biomassa e quantificando os benefícios ambientais e sociais das fábricas de GFC.

CAPÍTULO 4: RESULTADOS E DISCUSSÃO

4.1 Objetivo 1: Identificar os desafios no sector da GFC

a. Biospark Energy Pvt. Ltd.

I. Desafios

Principais desafios durante as fases do projeto:

Antes da instalação da fábrica de CBG, a Biospark Energy enfrentou obstáculos significativos. Um dos principais desafios foi a falta de conhecimento dos governos estatais e das autoridades locais, como os funcionários distritais, sobre as autorizações necessárias para este tipo de projectos. Este desconhecimento criou atrasos consideráveis no processo burocrático, dificultando o bom desenrolar do projeto. Além disso, embora as garantias não fossem um requisito para o estabelecimento da fábrica, os bancos estavam relutantes em conceder financiamento sem elas, o que constituía outro obstáculo à estabilidade financeira do projeto. Além disso, as máquinas e a tecnologia fornecidas pelo fornecedor de tecnologia funcionavam com uma eficiência inferior. A ausência de um perito técnico no domínio e de uma orientação adequada deixou os promotores sem conhecimento do funcionamento ótimo das instalações de GFC, o que levou à aquisição de máquinas e equipamentos inadequados e com capacidade insuficiente.

Desafios operacionais em curso:

A Biospark Energy continua a deparar-se com vários desafios operacionais. Um problema significativo é a degradação da matéria-prima durante o armazenamento, resultando em perdas substanciais tanto em termos de qualidade como de quantidade. A empresa perdeu cerca de 50.000 quintais de matéria-prima no ano passado devido a este problema. Além disso, a monitorização e manutenção da eficiência da produção de biogás é difícil devido à falta de equipamento adequado. Não existe um sistema para monitorizar o biogás ou as fugas de metano da fábrica, o que torna difícil determinar a eficiência real da tecnologia. A ausência de mão de obra tecnicamente qualificada também representa um desafio, uma vez que a empresa tem de formar internamente a força de trabalho presente no local. A gestão das lamas é outro problema, não havendo procura de FOM, o que obriga o promotor a ceder gratuitamente LFOM aos campos vizinhos e a vender FOM apenas quando há necessidade. Além disso, a fábrica funciona com baixa eficiência durante 8-9 horas por dia devido à falta de instalações de armazenamento para o gás gerado fora do período de 16 horas previsto para a injeção de gás no gasoduto.

II. Potencial e eficiência das matérias-primas

Tipos de matérias-primas e proporções:

A central utiliza principalmente dois tipos de matérias-primas: o estrume de vaca, que constitui 10% da matéria-prima, e as lamas de prensa, que constituem os restantes 90%. Estas matérias-primas são essenciais para o processo de produção de biogás.

Acordos a longo prazo para o fornecimento de matérias-primas:

Apesar da necessidade crítica de um fornecimento constante de matéria-prima, a Biospark Energy não celebrou acordos de longo prazo com os produtores de cana-de-açúcar. Em vez disso, assinou contratos de curto prazo com duas indústrias açucareiras e uma gaushala para o fornecimento de matérias-primas à fábrica.

Problemas com a qualidade/quantidade da matéria-prima:

O armazenamento de matéria-prima constitui um desafio significativo, uma vez que se verifica uma degradação que conduz a perdas de qualidade e de quantidade. O relatório refere que a empresa perdeu cerca de 30% em quantidade (aproximadamente 50 000 quintais) e registou uma degradação da qualidade de 10-15% no último ano. Estas perdas realçam a necessidade de melhores soluções de armazenamento para manter a integridade da matéria-prima.

Fig 17: Descarga de matéria-prima no poço de chorume.

Plano de gestão das matérias-primas:

Atualmente, a matéria-prima é armazenada numa área aberta e descoberta dentro do local da fábrica, o que contribui para os problemas de degradação. A fábrica utiliza uma fossa com capacidade de 2 lakh litros para o pré-processamento mecânico da matéria-prima, o que ajuda a prepará-la para o processo de produção de biogás.

Produções de biogás e biogás- GNC:

Embora o relatório não forneça pormenores explícitos sobre os rendimentos do biogás e do Bio-CNG, é evidente que a empresa se concentra em maximizar a eficiência da produção. No entanto, a falta de equipamento e sistemas de monitorização torna difícil determinar os rendimentos exactos e a eficiência do processo de produção de biogás.

Determinação da mistura óptima de matérias-primas:

O relatório não especifica como foi determinada a mistura óptima de matérias-primas. Seriam necessários mais dados da fábrica para compreender o processo e os critérios utilizados para esta determinação.

III. Benefícios ambientais e sociais

Avaliação do impacto ambiental:

Curiosamente, não foi exigida uma Avaliação de Impacto Ambiental (AIA) antes, durante ou após o estabelecimento da fábrica. Este facto é digno de nota, tendo em conta os potenciais impactos ambientais associados a este tipo de projectos.

Normas/Certificações ambientais:

A Biospark Energy cumpre todas as normas e certificações necessárias para garantir a segurança ambiental e a eficiência das suas operações. Esta conformidade demonstra o empenhamento da empresa em manter elevados padrões ambientais.

Gestão das questões ambientais:

A empresa raramente se depara com problemas como odores durante a recolha e armazenamento de matérias-primas, o que indica uma gestão eficaz de potenciais perturbações ambientais. Isto é crucial para manter uma boa relação com a comunidade local e minimizar o impacte ambiental.

Principais utilizações/métodos de eliminação do digerido:

A central gere eficazmente os digeridos produzidos durante o processo de produção de biogás. O digerido sólido é seco e vendido aos agricultores, enquanto o digerido líquido é bombeado gratuitamente para os campos agrícolas próximos. Esta abordagem não só ajuda na gestão de resíduos, como também fornece recursos valiosos aos agricultores locais, promovendo práticas agrícolas sustentáveis.

Benefícios socioeconómicos:

A fábrica da CBG criou oportunidades de emprego para 15-17 pessoas, contribuindo para a economia local. A disponibilidade de biogás também apoia a produtividade agrícola, fornecendo uma fonte de energia alternativa e sustentável para as operações agrícolas. Isto, por sua vez, promove o desenvolvimento socioeconómico da comunidade local.

IV. Operações da fábrica

Capacidade da instalação, tecnologia de digestão, parâmetros de funcionamento:

A fábrica funciona com uma capacidade de digestão de 70 lakh litros, utilizando um digestor do tipo CSTR (Continuous Stirred Tank Reator). A temperatura de funcionamento do digestor é mantida a 34-35°C, com um tempo de retenção de 30 dias. Estes parâmetros são cruciais para garantir uma decomposição eficiente da matéria-prima e uma produção óptima de biogás.

Tecnologia de purificação de gás e normas de biocombustível:

A fábrica utiliza um sistema de adsorção por oscilação de pressão em vácuo (VPSA) para a purificação do gás. Este sistema foi escolhido devido à sua utilização generalizada na Índia e ao seu custo inicial de um milhão de euros, que representa 20% do custo total do projeto. O sistema VPSA proporciona uma melhor eficiência em comparação com outras tecnologias, assegurando que o gás purificado cumpre a norma IS 16087. O gás purificado contém 96% de metano e 2,5% de CO_2, com uma fuga mínima de metano durante a purificação e o transporte.

Problemas com o sistema de purificação:

Apesar da elevada eficiência do sistema VPSA, a fábrica não dispõe de equipamento para recuperar o enxofre elementar e o CO_2. O gás residual do sistema é expelido e a manutenção é efectuada regularmente para garantir um desempenho ótimo. A manutenção e a lubrificação contínuas de equipamentos como motores, compressores e correias de bombas são efectuadas, principalmente durante a noite, para evitar perdas de gás. A manutenção do compressor é necessária de três em três meses, e todas as peças do sistema são mantidas em reserva para rápida substituição e reparação.

Protocolos de saúde e segurança:

A fábrica segue protocolos rigorosos de saúde e segurança, com 15 a 17 pessoas a trabalhar no local. Oito destes trabalhadores são formados para cada operação e departamento, assegurando uma orientação e formação adequadas para o resto do pessoal. A assistência e a manutenção contínuas dos equipamentos são efectuadas para garantir a segurança e evitar acidentes.

Recomendações:

1. A regulação dos preços da matéria-prima é necessária para manter um fluxo contínuo de matéria-prima sem flutuações de preços.

2. As universidades agrícolas e os institutos de investigação devem levar a cabo programas de sensibilização para encorajar os agricultores a utilizar o FOM e o LFOM como estrume nas explorações agrícolas.

3. Deve ser explorada uma procura adicional de GFC para que o gás não fornecido à rede de gás possa ser utilizado por outras indústrias, como a siderurgia.

4. O governo deve fornecer uma plataforma comum para os promotores de projectos e fornecedores de tecnologia, a fim de garantir o fornecimento de tecnologia eficiente e fiável.

b. Buland Biogas Pvt. Ltd.

I. Desafios

Principais desafios durante as fases do projeto

A Buland Biogas deparou-se com inúmeros obstáculos durante as fases iniciais do seu projeto. Um dos principais problemas foi o elevado custo associado ao Relatório Detalhado do Projeto (DPR), que sobrecarregou o seu orçamento. Além disso, os promotores recorriam frequentemente a equipamento de baixa qualidade, o que complicava ainda mais as fases de construção e de exploração. A obtenção de um fornecimento consistente de matéria-prima foi outro desafio significativo, principalmente devido à ausência de acordos de longo prazo com os fornecedores, o que afectou tanto a qualidade como a quantidade da matéria-prima.

Desafios operacionais em curso

A empresa continua a enfrentar dificuldades operacionais. Os elevados níveis de sulfureto de hidrogénio (H2S) no gás continuam a ser um problema, apesar das várias tentativas de redução. Esta questão tem contribuído para perdas financeiras. Além disso, existem desafios contínuos para manter a qualidade e a quantidade consistentes da matéria-prima. Embora tenham obtido uma Carta de Intenções (LOI) da Indian Oil Corporation Limited (IOCL), a qualidade e o fornecimento flutuantes de matéria-prima continuam a ser problemas persistentes.

II. Potencial e eficiência das matérias-primas

Tipos de matérias-primas e proporções:

A Buland Biogas utiliza uma gama diversificada de matérias-primas, incluindo estrume de gado, resíduos de aves de capoeira e resíduos de batata. A principal matéria-prima é o estrume de gado, que é comprado a 20 rupias por tonelada.

Acordos a longo prazo para o fornecimento de matérias-primas:

Atualmente, a empresa não dispõe de acordos a longo prazo para o fornecimento de matérias-primas, o que deu origem a incoerências na disponibilidade e na qualidade das mesmas.

Problemas com a qualidade/quantidade da matéria-prima

Devido à ausência de acordos de fornecimento a longo prazo, a fábrica debate-se com a manutenção de uma qualidade e quantidade consistentes de matéria-prima, o que afecta a eficiência global do processo de produção de biogás.

Plano de gestão das matérias-primas:

A matéria-prima é armazenada em áreas sombreadas para ajudar a manter a sua qualidade. No entanto, o fornecimento inconsistente continua a colocar desafios às operações da fábrica.

Rendimentos de biogás e CBG:

A unidade tem uma capacidade de processamento de 3,5 toneladas por dia e pode produzir até 8000 metros cúbicos de biogás. O rácio entre a água e o estrume de vaca utilizado é de 60% de água para 40% de estrume de vaca, com um período de recirculação de quatro meses.

Determinação da mistura óptima de matérias-primas:

Não são fornecidos pormenores sobre a forma como é determinada a mistura óptima de matérias-primas, mas seriam necessários mais dados da fábrica para compreender o processo e os critérios utilizados para esta determinação.

III. Benefícios ambientais e sociais

Avaliação do impacto ambiental

Não foi necessária uma avaliação do impacto ambiental (AIA) para a criação da fábrica, o que é notável tendo em conta os potenciais impactos ambientais de tais projectos.

Normas/Certificações ambientais:

A Buland Biogas obteve a certificação PESO, que garante que as suas operações cumprem as normas de segurança e ambientais necessárias.

Gestão das questões ambientais:

A empresa geriu eficazmente os potenciais problemas ambientais e não enfrentou desafios significativos a este respeito. Dispõe de todas as certificações necessárias para garantir a segurança das operações.

Principais utilizações/métodos de eliminação do digerido

A instalação gere eficazmente os digeridos produzidos durante o processo de produção de biogás. Não foram fornecidos pormenores específicos sobre os métodos de eliminação, mas a abordagem de gestão é eficaz.

Benefícios socioeconómicos:

A central dá emprego a 14 pessoas, contribuindo de forma positiva para a economia local. O biogás produzido apoia a produtividade agrícola, fornecendo uma fonte de energia sustentável e alternativa, promovendo o desenvolvimento socioeconómico da comunidade local.

IV. Operações da fábrica

Capacidade da instalação, tecnologia de digestão, parâmetros de funcionamento:

A Buland Biogas opera com uma capacidade de 3,5 toneladas por dia, produzindo 8000 metros cúbicos de biogás. Utilizam a tecnologia de depuração de água para a purificação do gás e o custo total do projeto é de Rs 30 crore.

Tecnologia de purificação de gás e normas CBG:

A fábrica utiliza a tecnologia de depuração de água para a purificação do gás. Não foram fornecidas informações pormenorizadas sobre a tecnologia e o equipamento específicos.

Problemas com o sistema de purificação:

A manutenção e a assistência técnica regulares são efectuadas para garantir um desempenho ótimo. No entanto, não foram apresentados pormenores sobre questões específicas relacionadas com o sistema de purificação.

Protocolos de saúde e segurança:

A fábrica segue protocolos rigorosos em matéria de saúde e segurança, tal como comprovado pela sua certificação PESO. O pessoal é composto por 14 pessoas, o que garante um funcionamento eficaz e seguro.

Detalhes financeiros:

O financiamento bancário foi concedido pelo Banco Estatal da Índia (SBI). O elevado custo do DPR e a utilização de equipamento de baixa qualidade pelos promotores colocaram desafios financeiros durante as fases iniciais do projeto.

Recomendações:

1. Aplicar a regulação dos preços das matérias-primas para manter um abastecimento contínuo sem flutuações de preços.

2. Conduzir programas de sensibilização através de universidades agrícolas e institutos de investigação para encorajar os agricultores a utilizar estrume de biogás.

3. Explorar a procura adicional de CBG noutras indústrias para utilizar o gás não fornecido à rede de gás.

4. Fornecer uma plataforma comum aos promotores de projectos e fornecedores de tecnologia para garantir o fornecimento de tecnologia eficiente e fiável.

c. **Biocombustíveis Dhruva**

I. Desafios

Principais desafios durante as fases do projeto:

A Dhruva Biofuels deparou-se com obstáculos significativos ao longo das fases do projeto. Um dos principais problemas foi a falta de sensibilização para a indústria do biogás entre os governos estatais e as autoridades locais, o que causou atrasos na obtenção das licenças necessárias. Além disso, o sector enfrenta uma escassez de consultores e peritos, o que complicou o processo de construção. O projeto também se debateu com elevados níveis de sulfureto de hidrogénio (H2S) no gás. Apesar de várias tentativas para reduzir o H2S, o sucesso tem sido difícil, resultando em dificuldades operacionais e perdas financeiras. Além disso, os atrasos do fornecedor da tecnologia aumentaram os desafios do projeto.

Desafios operacionais em curso:

A Dhruva Biofuels continua a enfrentar vários desafios operacionais. Os elevados níveis de H2S no gás continuam a ser um problema, e os esforços para o atenuar ainda não foram bem sucedidos, o que conduz a perdas financeiras contínuas. A fábrica fornece gás à Central UP Gas Limited através de uma rede de gasodutos. Outro desafio é a falta de acordos a longo prazo para o fornecimento de matérias-primas com gaushalas e fábricas de açúcar. Embora a matéria-prima não constitua atualmente um problema, a fábrica está preparada para passar a utilizar palha de arroz e erva de Napier, se necessário. Além disso, a fábrica utiliza a tecnologia de lavagem de água, mas não foram fornecidas informações pormenorizadas sobre a tecnologia ou o equipamento. As recentes decisões governamentais complicaram ainda mais as operações, uma vez que o preço do CBG diminuiu 6 Rs por kg a partir de 1 de junho, reduzindo o preço de venda para 74 Rs por kg. Apesar destes desafios, a fábrica não se deparou com problemas ambientais significativos e possui o necessário NOC. A fábrica não necessita de certificação PESO, uma vez que não utiliza um sistema em cascata para a compressão de gás a 250 bar de pressão.

II. Potencial e eficiência das matérias-primas

Tipos de matérias-primas e proporções: A Dhruva Biofuels utiliza principalmente estrume de vaca como matéria-prima principal e lama de prensa como matéria-prima secundária. A fábrica tem uma capacidade de 5 toneladas por dia (TPD).

Acordos a longo prazo para o fornecimento de matérias-primas: A empresa não tem acordos de longo prazo com gaushalas ou usinas de açúcar para o fornecimento de matéria-prima. No entanto, a disponibilidade de matérias-primas não é atualmente um problema e a fábrica está preparada para passar a utilizar palha de arroz e erva de Napier, se necessário.

Problemas com a qualidade/quantidade da matéria-prima:

A fábrica enfrenta problemas significativos com o armazenamento de matéria-prima, levando à degradação da qualidade e da quantidade ao longo do tempo. Apesar de armazenar a matéria-prima durante dois anos, a falta de terrenos de armazenamento adicionais agrava estes problemas.

Plano de gestão das matérias-primas:

A matéria-prima é armazenada em áreas abertas e não cobertas dentro do local da fábrica, contribuindo para a degradação. A empresa está a explorar melhores soluções de armazenamento para manter a qualidade da matéria-prima.

Rendimentos de biogás e CBG:

A capacidade projectada da fábrica é de 5 TPD, mas atualmente produz apenas 3,5 a 4 TPD. A falta de sistemas de monitorização adequados torna difícil determinar os rendimentos exactos e a eficiência.

Determinação da mistura óptima de matérias-primas:

Não são fornecidas informações pormenorizadas sobre a forma como é determinada a mistura óptima de alimentos para . Seriam necessários dados adicionais da fábrica para compreender o processo e os critérios utilizados para esta determinação.

III. Benefícios ambientais e sociais

Avaliação do impacto ambiental: Não foi exigido um estudo de impacto ambiental (EIA) para o estabelecimento da fábrica, o que é digno de nota tendo em conta os potenciais impactos ambientais de tais projectos.

Normas/Certificações Ambientais: A Dhruva Biofuels cumpre todas as normas e certificações necessárias, garantindo a segurança ambiental e a eficiência operacional.

Gestão de questões ambientais: A empresa geriu eficazmente potenciais questões ambientais, tais como odores, e não enfrentou desafios ambientais significativos. Possui o NOC necessário e não necessita de certificação PESO devido à ausência de um sistema em cascata.

Principais utilizações/métodos de eliminação dos digeridos: A fábrica gere eficazmente os digeridos produzidos durante o processo de produção de biogás. Estão em conversações com fornecedores da IFCO, Himachal Pradesh e Uttarakhand para a venda de estrume.

Benefícios socioeconómicos: A central emprega 8 a 10 pessoas, incluindo pessoal contratado por um ano. A disponibilidade de biogás apoia a produtividade agrícola ao fornecer uma fonte de energia alternativa e sustentável, promovendo o desenvolvimento socioeconómico da comunidade local.

IV. Operações da fábrica

Capacidade da instalação, tecnologia de digestão, parâmetros de funcionamento:

A Dhruva Biofuels opera com uma capacidade de fábrica de 5 TPD, mas atualmente atinge 3,5 a 4 TPD. A fábrica utiliza a tecnologia PSA para a purificação do gás. O custo total de capital da fábrica foi de 25 milhões de rupias, excluindo os custos do terreno.

Tecnologia de purificação de gás e normas CBG:

A fábrica utiliza a tecnologia de depuração de água para a purificação do gás. Não foram fornecidas informações pormenorizadas sobre a tecnologia e o equipamento específicos.

Problemas com o sistema de purificação:

Não há controlo das perdas de gás, uma vez que não está instalado qualquer sistema de medição de gás bruto. A manutenção e a assistência técnica regulares são efectuadas para garantir um desempenho ótimo.

Protocolos de saúde e segurança:

A fábrica segue protocolos rigorosos em matéria de saúde e segurança. O pessoal é composto por 8 a 10 pessoas, sendo algumas contratadas por um ano.

Detalhes financeiros:

O financiamento bancário foi concedido pelo Banco de Baroda, mas a empresa enfrentou desafios durante o processo de financiamento.

Recomendações:

1. Aplicar a regulação dos preços das matérias-primas para manter um abastecimento contínuo sem flutuações de preços.

2. Conduzir programas de sensibilização através de universidades agrícolas e institutos de investigação para encorajar os agricultores a utilizar FOM e LFOM como estrume.

3. Explorar a procura adicional de GFC noutras indústrias, como a indústria siderúrgica, para utilizar o gás não fornecido à rede de gás.

4. Fornecer uma plataforma comum para os promotores de projectos e fornecedores de tecnologia, a fim de garantir um fornecimento de tecnologia eficiente e fiável.

d. Empresas Mittal

I. Desafios

Principais desafios durante as fases do projeto:

Antes da instalação da fábrica de CBG, enfrentaram obstáculos significativos. Um dos principais desafios foi a falta de conhecimento dos governos estatais e das autoridades locais, como os funcionários distritais, sobre as autorizações necessárias para este tipo de projectos. Este desconhecimento criou atrasos consideráveis no processo burocrático, dificultando o bom andamento do projeto. Além disso, embora as garantias não fossem um requisito para o estabelecimento da fábrica, os bancos estavam relutantes em conceder financiamento sem elas, o que constituía outro obstáculo à estabilidade financeira do projeto. Além disso, as máquinas e a tecnologia fornecidas pelo fornecedor de tecnologia funcionavam com uma eficiência inferior. A ausência de um perito técnico no terreno e de uma orientação adequada deixou-os sem conhecimentos sobre o funcionamento ideal das instalações de GFC, o que levou à aquisição de máquinas e equipamentos inadequados e com capacidade insuficiente.

Desafios operacionais em curso:

Continuam a deparar-se com vários desafios operacionais. Um problema significativo é a degradação da matéria-prima durante o armazenamento, que resulta em perdas substanciais tanto em termos de qualidade como de quantidade. No ano passado, perderam-se cerca de 50.000 quintais de matéria-prima devido a este problema. Além disso, é difícil monitorizar e manter a eficiência da produção de biogás devido à falta de equipamento adequado. Não existe um sistema para monitorizar o biogás ou as fugas de metano da unidade, o que torna difícil determinar a eficiência real da tecnologia. A ausência de mão de obra tecnicamente qualificada também representa um desafio, uma vez que têm de formar internamente a força de trabalho presente no local. A gestão do chorume é outro problema, não havendo procura de FOM, o que os obriga a ceder gratuitamente LFOM aos campos vizinhos e a vender FOM apenas quando há necessidade. Além disso, a fábrica funciona com baixa eficiência durante 8-9 horas por dia devido à falta de instalações de armazenamento para o gás gerado fora do período de 16 horas previsto para a injeção de gás no gasoduto.

II. Potencial e eficiência das matérias-primas

Tipos de matérias-primas e proporções:

A fábrica utiliza exclusivamente lama de prensa, um produto residual da indústria da cana-de-açúcar, como matéria-prima. Esta decisão baseou-se na disponibilidade abundante de lama de prensa na região e na sua aptidão para a produção de biogás.

Acordos a longo prazo para o fornecimento de matérias-primas:

Sim, eles garantiram acordos de longo prazo com usinas de açúcar próximas para assegurar um fornecimento constante de lama de prensa. Estes acordos foram estabelecidos através de negociações com as fábricas de açúcar, salientando os benefícios mútuos da conversão de resíduos num recurso valioso e da redução do impacto ambiental da transformação da cana-de-açúcar.

Problemas com a qualidade/quantidade da matéria-prima:

Ocasionalmente, têm-se deparado com problemas de variações na qualidade e quantidade de lama de prensa fornecida pelas fábricas de açúcar. Para resolver estes problemas, mantêm um stock de reserva de lama de prensa para lidar com as flutuações no fornecimento. Além disso, trabalham em estreita colaboração com as fábricas de açúcar para programar as entregas e garantir uma qualidade e quantidade consistentes de matéria-prima.

Plano de gestão das matérias-primas:

O seu plano de gestão de matérias-primas envolve a manutenção de um stock de lama de prensa para lidar com as flutuações de fornecimento e programar as entregas para corresponder às necessidades de produção. Também efectuam controlos de qualidade regulares para garantir que a lama de prensa cumpre as suas normas de produção de biogás.

Rendimentos de biogás e CBG:

A partir da sua mistura de matérias-primas de lama de prensa, produzem 8 TPD de CBG. Este rendimento é alcançado através dos seus eficientes processos de produção e purificação de biogás.

Determinação da mistura óptima de matérias-primas:

Uma vez que a sua fábrica utiliza exclusivamente lama de prensa, a determinação de uma mistura óptima de matérias-primas é simples. Asseguram que a lama de prensa fornecida pelas fábricas de açúcar é de qualidade consistente para manter uma produção eficiente de biogás.

III. Benefícios ambientais e sociais

Avaliação do impacto ambiental:

Foi efectuada uma avaliação do impacto ambiental (AIA) da fábrica. As principais conclusões do EIA indicaram que a fábrica reduz significativamente o impacto ambiental da transformação da cana-de-açúcar, convertendo a lama de prensagem em combustível limpo. A avaliação também destacou a redução das emissões de gases com efeito de estufa e a prevenção de problemas de eliminação de resíduos associados à lama de prensagem.

Normas/Certificações ambientais:

As suas instalações cumprem os regulamentos e certificações ambientais padrão da indústria para garantir um impacto ambiental mínimo. Cumprem as normas ambientais nacionais e locais em matéria de emissões, gestão de resíduos e práticas operacionais gerais.

Gestão das questões ambientais:

Para gerir potenciais problemas ambientais, como odores e moscas durante o manuseamento de matéria-prima, implementaram protocolos rigorosos, incluindo a limpeza e monitorização regulares das áreas de armazenamento e manuseamento de matéria-prima. Além disso, utilizam instalações de armazenamento cobertas e recorrem a controlos biológicos e químicos para minimizar os odores e controlar as pragas.

Principais utilizações/métodos de eliminação do digerido:

O digerido sólido produzido pela fábrica é utilizado como fertilizante orgânico pelos agricultores locais, aumentando a fertilidade do solo e reduzindo a necessidade de fertilizantes químicos. O digerido líquido é espalhado nos campos próximos para enriquecimento do solo, fornecendo nutrientes adicionais às culturas.

Benefícios socioeconómicos:

Sim, a fábrica criou oportunidades de emprego para os residentes locais, proporcionando emprego a cerca de 45 trabalhadores, incluindo trabalhadores contratados. Além disso, a fábrica contribuiu para a economia local, proporcionando formação e desenvolvimento de competências aos trabalhadores e apoiando as empresas locais através da compra de bens e serviços.

IV. Operações da fábrica

Capacidade da instalação, tecnologia de digestão, parâmetros de funcionamento:

A fábrica tem uma capacidade de produção de 8 TPD de CBG. Utiliza a tecnologia de lavagem com água para a purificação do biogás. Os parâmetros de funcionamento do seu processo de digestão incluem a manutenção de uma temperatura de aproximadamente 37°C e um tempo de retenção de 30 dias. A fábrica está equipada com dois digestores, cada um com uma capacidade de 4 TPD.

Tecnologia de purificação de gás e normas de biocombustível:

Utilizam uma tecnologia avançada de depuração de água para a purificação do biogás. Esta tecnologia envolve a passagem do biogás através de um purificador de água para remover impurezas como o dióxido de carbono, sulfureto de hidrogénio e outros gases vestigiais, resultando num fluxo de gás metano de elevada pureza até 98%. Eles seguem os padrões da indústria para a produção de CBG para garantir a mais alta qualidade e segurança.

Problemas com o sistema de purificação:

Embora seja necessária uma manutenção de rotina para garantir o funcionamento eficiente do sistema de purificação, não se registaram problemas de maior. São realizadas inspecções regulares e manutenção preventiva para resolver quaisquer problemas potenciais antes que estes se agravem.

Protocolos de saúde e segurança:

Implementaram protocolos rigorosos de saúde e segurança para garantir o bem-estar de todos os funcionários e contratantes. Estes protocolos incluem formação regular em segurança, a utilização de equipamento de proteção individual (EPI), procedimentos de resposta a emergências e o cumprimento dos regulamentos de saúde e segurança no trabalho.

Necessidade de pessoal:

A fábrica necessita de aproximadamente 45 empregados para as suas operações, incluindo 5-6 trabalhadores contratados. A empresa não tem enfrentado desafios significativos no recrutamento ou retenção de empregados, uma vez que oferece salários competitivos, benefícios e oportunidades de desenvolvimento e progressão profissional.

V. Dados financeiros

Custos de capital:

A despesa total de capital (CAPEX) para a instalação da fábrica e do sistema de purificação foi de Rs 26 crore, o que se traduz em Rs 4.450 por tonelada, considerando que a vida útil da fábrica de CBG é de 20 anos.

Custos operacionais anuais:

Embora os custos operacionais anuais exactos não sejam especificados nas informações fornecidas, estes custos incluem normalmente despesas com pessoal, serviços públicos, manutenção, aquisição de matérias-primas e outras actividades operacionais.

Principais fluxos de receitas:

Os principais fluxos de receitas para a viabilidade financeira da fábrica incluem a venda de CBG, a venda de digerido sólido e líquido como fertilizante orgânico e acordos com a Indraprastha Gas Limited para a compra de CBG através de cascatas. Estes fluxos de receitas garantem a rentabilidade e a sustentabilidade da fábrica.

4.2 Objetivo 2: Identificar e registar os resíduos agrícolas adequados para conversões termoquímicas ou bioquímicas em energia e/ou matéria-prima química.

Os resíduos agrícolas adquiriram uma importância considerável como biocombustíveis para a cozinha doméstica, o aquecimento de processos industriais, a produção de energia eléctrica, etc. e são utilizados diretamente ou sob a forma de briquetes para uma variedade de utilizações finais de energia. Para formular e aplicar estratégias a longo prazo para uma utilização eficiente e económica dos resíduos agrícolas como matéria-prima para a conversão e utilização de energia, é importante estimar o seu valor monetário para o utilizador final. Podem ser utilizadas duas abordagens para estimar o valor dos resíduos agrícolas - (i) o método do custo de produção, no qual é tida em conta a contribuição de cada etapa da produção e colheita das culturas, etc. e (ii) uma estimativa do custo de oportunidade baseada na quantidade e no custo do(s) combustível(eis) suscetível(eis) de ser substituído(s pela biomassa [23]. O primeiro método analisa essencialmente o lado da oferta da produção e utilização de resíduos agrícolas, enquanto o segundo método considera o lado da procura para chegar a etiquetas de valor adequadas para diferentes resíduos agrícolas.

As agências governamentais e os investigadores necessitam constantemente de apoio na obtenção e avaliação de biomassa para efeitos de produção de energia. Isto deve-se ao facto de o custo de disponibilidade da biomassa depender de muitos parâmetros como a flutuação sazonal, o transporte, o pré-processamento e os custos de armazenamento com perdas de matéria associadas a cada um dos processos acima referidos. Esta multiplicidade de factores torna o custo de disponibilidade da biomassa altamente volátil. Este fluxo operacional e multifacetado pode ser facilmente apreciado na Figura 6, apresentada a seguir.

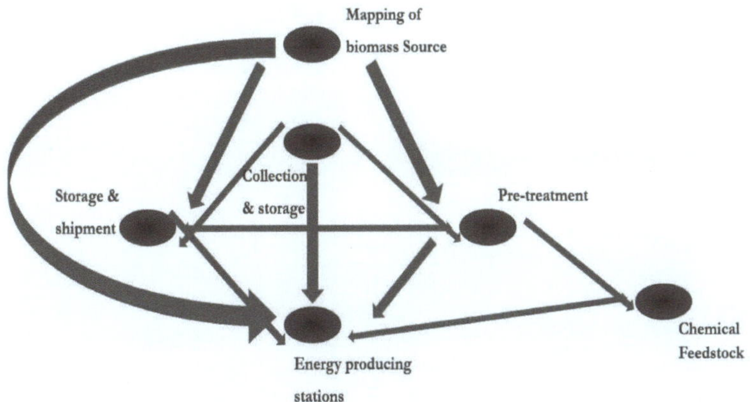

Figura 18: Logística da recolha e utilização da biomassa.

O modelo tem como objetivo calcular o custo de aquisição da indústria para cada tipo de biomassa e utilizá-lo para calcular o custo do produto final após a adição dos custos fixos e variáveis do sistema de conversão. Assim, todo o processo de cálculo pode ser dividido em duas partes

1. Custo de produção ou abordagem do lado da oferta: Nesta abordagem, cada passo envolvido até que a biomassa esteja disponível para ser adquirida pela indústria. Assim, esta abordagem fornece o custo final de aquisição para uma indústria transformadora. Considera principalmente o custo de colheita, o custo de recolha, o custo de pré-processamento, o custo de transporte e o custo de armazenamento para calcular a disponibilidade final da biomassa numa unidade de armazenamento.

2. Custo de oportunidade ou abordagem do lado da procura: Nesta abordagem, o custo de capital, o custo operacional e o custo de manutenção para cada processo de conversão são calculados e, com base no custo do substrato de biomassa previamente calculado, é calculado o custo do produto final.

O fluxo de controlo no modelo através das duas abordagens acima mencionadas para calcular o custo do produto final está representado na Figura 7.

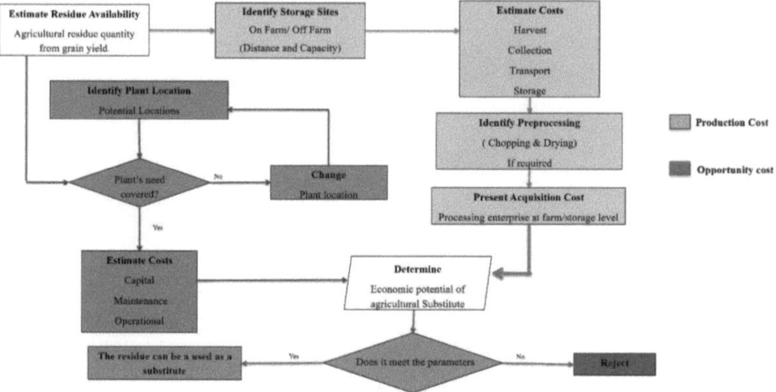

Figura 19: Algoritmo de estimativa do potencial dos resíduos agrícolas.

Para estimar cada um destes custos passo a passo, foi seguida a seguinte metodologia

Baixo poder calorífico da biomassa

O LHV ou baixo valor de aquecimento é o parâmetro caraterístico da biomassa que representa o seu conteúdo energético. É calculado de acordo com as fórmulas de Dulong com base no teor percentual de carbono (C), hidrogénio (H), oxigénio (O) e enxofre (S), em base seca e sem cinzas, da biomassa. Matematicamente, a equação é representada por

$$LHV_{Dry} \ (MJ/Kg) = 0.338C + 1.428 \ (H - O/8) + 0.95S$$

(1)

Isto dá o valor LHV da biomassa seca. Para a biomassa húmida, com teor de humidade "mc" (em percentagem de base húmida), é utilizada a seguinte correlação.

$$LHV_{Wet} \ (Mj/Kg) = \{(1 - mc/100) * LHV_{Dry}\} - \{mc/100 * \Delta H_{Water}\}$$

(2)

Onde ΔH_{Water} é o calor de evaporação da água e é igual a, $\Delta H_{Water} = 2.4 \, Mj/Kg$

Os valores do teor de carbono, hidrogénio, oxigénio e enxofre da biomassa podem ser referidos através da análise final da biomassa. O quadro 15 do apêndice 1 enumera os pormenores da análise final para as diferentes variedades de biomassa utilizadas na ferramenta. Estes valores podem ser actualizados pelo utilizador para cenários específicos.

Teor de humidade equivalente (EMC)

A maior parte dos materiais de biomassa são higroscópicos por natureza. Podem absorver e dessorver a humidade da atmosfera circundante. Assim, um conhecimento exato do teor de humidade de equilíbrio (EMC) é essencial para compreender os efeitos ambientais no momento da colheita e outras operações de processamento [38]. Por exemplo, durante a estação das chuvas, a biomassa colhida e armazenada absorve uma quantidade significativa de humidade e apresenta um grau mais elevado de EMC. Singh R.N., [38] registou o teor de humidade de diferentes briquetes de biomassa em diferentes níveis de humidade relativa (RH).

Tabela 5. Teor de humidade de equilíbrio da biomassa

Espécies de biomassa	Teor de humidade de equilíbrio (%)			
	RH= 20%	RH= 40%	RH= 60%	RH= 80%
Bagaço	0.55	4	16.5	24.86
Palha de trigo	0.42	10.42	15.07	34.03
Casca de arroz	0.56	1.73	21.6	29.46
Palha de arroz	1.47	6.62	13.05	36.78
Arhar Stalk	0.45	4.57	14.66	20.05
Talo de milho	0.68	6.01	23.06	38.08
Espiga de milho	-	3.25	13.73	27.93

Utilizando estes dados, é estabelecida uma correlação entre a CEM e a HR para diferentes culturas e estas equações são utilizadas como biblioteca na ferramenta para estimar a CEM dos resíduos de culturas no momento da colheita. As correlações são apresentadas no quadro 12 do apêndice 1. O CEM no momento da colheita assim calculado é utilizado como teor de humidade inicial (M_{CI}) do resíduo.

Relação grão/resíduo

A ferramenta calcula a quantidade de resíduos colhidos de uma área utilizando o rendimento de grãos e a área cultivada fornecidos pelo utilizador. A ferramenta mantém uma biblioteca de rácios entre grãos e resíduos (G2R) para diferentes tipos de biomassa. Para facilitar a utilização, o utilizador tem a opção de atualizar a mesma antes de efetuar os cálculos. Os valores por defeito utilizados para as ferramentas são apresentados no quadro 13 do apêndice 1.

Estimativa da disponibilidade de resíduos

A ferramenta calcula a massa seca de resíduos de culturas disponíveis com base no rendimento da cultura (Y_G), na área cultivada, na relação grão/resíduo (G_2R) e no teor de humidade inicial (M_{CI}) calculado como explicado acima. As equações seguintes são utilizadas para estimar a quantidade de resíduos produzidos.

Rendimento de resíduos, $Y_R = \dfrac{Y_G*(1-M_{CI})}{G_2R}$

(3)

Quantidade de resíduos, $R = Y_R * \text{Supply Area}$

(4)

Densidade aparente dos resíduos

A densidade aparente é um parâmetro importante que afecta as finanças dos processos de transporte e armazenamento. Para uma dada instalação, será mais caro transportar e armazenar biomassa com baixa densidade a granel do que uma biomassa mais densa para o mesmo cenário. As densidades a granel de alguns resíduos agrícolas e industriais utilizados como bibliotecas na ferramenta estão listadas no Quadro 13 do apêndice 1. Estes valores são provenientes da literatura publicada, mas o utilizador tem a opção de os atualizar para casos específicos.

Cálculo do custo do equipamento/máquina (a formatação das equações deve ser correta, com espaçamento suficiente, etc.)

Cada processo, desde a colheita da cultura até ao armazenamento final, deve passar por um certo número de máquinas. O grau e o tipo de equipamento dependem de uma série de factores como a localização da exploração agrícola, o nível de modernização, o custo e a disponibilidade de mão de obra, o tipo de cultura/resíduo de cultura, a disponibilidade de capital, etc. Assim, o modelo dá ao utilizador a opção de acrescentar os seus equipamentos específicos. Esta base de dados pode ser actualizada em qualquer altura. Além disso, para aumentar a flexibilidade do modelo, o utilizador pode atualizar os parâmetros assumidos durante o cálculo dos custos, de modo a adaptá-los ao seu cenário. O modelo pede ao utilizador alguns dados básicos relativos ao cálculo dos custos e calcula os custos fixos e variáveis de acordo com as seguintes equações [20]

Valor residual= Preço de tabela atual*Fator de valor residual (medido com base na utilização anual   e vida útil do equipamento)   (5)

Depreciação total= Preço de compra-Valor residual
    (6)

Recuperação de capital= (Depreciação total * Fator de recuperação de capital) + (Valor residual * Juros

            Taxa)

(7) Impostos e custos de seguro (TI) = I*Preço de compra   (em que "I" é a taxa de juro)   (8)

Custo total de propriedade= Recuperação de capital +TI
        (9)

$$\text{Custo de propriedade/hora} = \frac{\text{Total Ownership Cost}}{\text{Working hours per year}}$$
        (10)

Reparações acumuladas= 0,25*Preço de tabela (assumindo que, durante toda a vida útil, a reparação da máquina custará

25% do preço de tabela)

(11)

Custo de lubrificação= 0,15*Custo médio Consumo de combustível (em Rs/hr)

(12)

Custo da mão de obra/hora

$$\text{Custo de funcionamento/hora} = \frac{\text{Accumulated Repairs}}{\text{Total working hours of machine (in life time)}} + \text{Fuel cost} + \text{Lubrication Cost} + \text{Labor Cost} \quad (13)$$

Custo total/hora= Custo de propriedade/hora + Custo de exploração/hora.

(14)

Para além das entradas definidas pelo utilizador e dos parâmetros assumidos pelo modelo (que podem ser actualizados a qualquer momento), o modelo utiliza alguns factores como os factores de valor residual e os factores de recuperação de capital para calcular o custo de trabalho por hora de uma máquina. O fator de valor residual depende do tempo de vida do equipamento. O modelo utiliza os valores apresentados na Tabela 4a e 4b para calcular o valor residual de cada classe de equipamento.

Tabela 6a. Valor residual remanescente em percentagem do novo preço de tabela

	Trator 30-79 Hp			Trator 80-149 Hp			Trator de 150+ Hp			Ceifeira-debulhadora e ceifeira-debulhadora		
Horas anuais	200	400	600	200	400	600	200	400	600	100	300	500
Idade												
1	0.65	0.6	0.56	0.69	0.68	0.68	0.69	0.67	0.66	0.79	0.69	0.63
2	0.59	0.54	0.5	0.62	0.62	0.61	0.61	0.59	0.58	0.67	0.58	0.52
3	0.54	0.49	0.46	0.57	0.57	0.56	0.55	0.54	0.52	0.59	0.5	0.45
4	0.51	0.46	0.43	0.53	0.53	0.52	0.51	0.49	0.48	0.52	0.44	0.39
5	0.48	0.43	0.4	0.5	0.49	0.49	0.47	0.45	0.44	0.47	0.39	0.34

6	0.45	0.4	0.37	0.47	0.46	0.46	0.43	0.42	0.41	0.42	0.35	0.3
7	0.42	0.38	0.35	0.44	0.44	0.43	0.4	0.39	0.38	0.38	0.31	0.27
8	0.4	0.36	0.33	0.42	0.41	0.41	0.38	0.36	0.35	0.35	0.28	0.24
9	0.38	0.34	0.31	0.4	0.39	0.39	0.35	0.34	0.33	0.31	0.25	0.21
10	0.36	0.32	0.3	0.38	0.37	0.37	0.33	0.32	0.31	0.28	0.23	0.19
11	0.35	0.31	0.28	0.36	0.35	0.35	0.31	0.3	0.29	0.26	0.2	0.17
12	0.33	0.29	0.27	0.34	0.34	0.33	0.29	0.28	0.27	0.23	0.18	0.15
13	0.32	0.28	0.25	0.33	0.32	0.32	0.27	0.26	0.25	0.21	0.16	0.13
14	0.3	0.27	0.24	0.31	0.31	0.3	0.25	0.24	0.24	0.19	0.14	0.12
15	0.29	0.25	0.23	0.3	0.29	0.29	0.24	0.23	0.22	0.17	0.13	0.1
16	0.28	0.24	0.22	0.28	0.28	0.27	0.22	0.21	0.21	0.16	0.11	0.09
17	0.26	0.23	0.21	0.27	0.27	0.26	0.21	0.2	0.19	0.14	0.1	0.08
18	0.25	0.22	0.2	0.26	0.25	0.25	0.2	0.19	0.18	0.13	0.09	0.07
19	0.24	0.21	0.19	0.25	0.24	0.24	0.19	0.18	0.17	0.11	0.08	0.06
20	0.23	0.2	0.18	0.24	0.23	0.23	0.17	0.17	0.16	0.1	0.07	0.05

Tabela 6b. Valor residual remanescente em percentagem do novo preço de tabela

Idade da máquina	Arados	Outras lavouras	Plantador, perfurador, pulverizador	Cortador de relva, cortador de relva	Enfardadeira	Ceifeira, ancinho

1	47%	`61%	65%	47%	56%	49%
2	44%	54%	60%	44%	50%	44%
3	42%	49%	56%	41%	46%	40%
4	40%	45%	53%	39%	42%	37%
5	39%	42%	50%	37%	39%	35%
6	38%	39%	48%	35%	37%	32%
7	36%	36%	46%	33%	34%	30%
8	35%	34%	44%	32%	32%	28%
9	34%	31%	42%	31%	30%	27%
10	33%	30%	40%	30%	28%	25%
11	32%	28%	39%	28%	27%	24%
12	32%	26%	38%	27%	25%	23%
13	31%	24%	36%	26%	24%	21%
14	30%	23%	35%	26%	22%	20%
15	29%	22%	34%	25%	21%	19%
16	29%	20%	33%	24%	20%	18%
17	28%	19%	32%	23%	19%	17%
18	27%	18%	30%	22%	18%	16%
19	27%	17%	29%	22%	17%	16%
20	26%	16%	29%	21%	16%	15%

Do mesmo modo, o fator de recuperação de capital para cada classe de equipamento é utilizado para calcular o custo de capital do equipamento por ano. Este fator dependerá da taxa de juro e do tempo de vida do equipamento. O modelo remete para o Quadro 5 para os factores de recuperação de capital.

Tabela 7. Factores de recuperação de capital

Int. Taxa Anos	2%	3%	4%	5%	6%	7%	8%	9%	10%	11%	12%	13%	14%	15%
1	1.02	1.03	1.04	1.05	1.06	1.07	1.08	1.09	1.1	1.11	1.12	1.13	1.14	1.15
2	0.515	0.523	0.53	0.538	0.545	0.553	0.561	0.568	0.576	0.584	0.592	0.599	0.607	0.615
3	0.347	0.354	0.36	0.367	0.374	0.381	0.388	0.395	0.402	0.409	0.416	0.424	0.431	0.438
4	0.263	0.269	0.275	0.282	0.289	0.295	0.302	0.309	0.315	0.322	0.329	0.336	0.343	0.35

	2%	3%	4%	5%	6%	7%	8%	9%	10%	11%	12%	13%	14%	15%
5	0.212	0.218	0.225	0.231	0.237	0.244	0.25	0.257	0.264	0.271	0.277	0.284	0.291	0.298
6	0.179	0.185	0.191	0.197	0.203	0.21	0.216	0.223	0.23	0.236	0.243	0.25	0.257	0.264
7	0.155	0.161	0.167	0.173	0.179	0.186	0.192	0.199	0.205	0.212	0.219	0.226	0.233	0.24
8	0.137	0.142	0.149	0.155	0.161	0.167	0.174	0.181	0.187	0.194	0.201	0.208	0.216	0.223
9	0.123	0.128	0.134	0.141	0.147	0.153	0.16	0.167	0.174	0.181	0.188	0.195	0.202	0.21
10	0.111	0.117	0.123	0.13	0.136	0.142	0.149	0.156	0.163	0.17	0.177	0.184	0.192	0.199

Int. Taxa	2%	3%	4%	5%	6%	7%	8%	9%	10%	11%	12%	13%	14%	15%
Anos														
11	0.102	0.108	0.114	0.12	0.127	0.133	0.14	0.147	0.154	0.161	0.168	0.176	0.183	0.191
12	0.095	0.1	0.107	0.113	0.119	0.126	0.133	0.14	0.147	0.154	0.161	0.169	0.177	0.184
13	0.088	0.094	0.1	0.106	0.113	0.12	0.127	0.134	0.141	0.148	0.156	0.163	0.171	0.179
14	0.083	0.089	0.095	0.101	0.108	0.114	0.121	0.128	0.136	0.143	0.151	0.159	0.167	0.175
15	0.078	0.084	0.09	0.096	0.103	0.11	0.117	0.124	0.131	0.139	0.147	0.155	0.163	0.171
16	0.074	0.08	0.086	0.092	0.099	0.106	0.113	0.12	0.128	0.136	0.143	0.151	0.16	0.168
17	0.07	0.076	0.082	0.089	0.095	0.102	0.11	0.117	0.125	0.132	0.14	0.149	0.157	0.165
18	0.067	0.073	0.079	0.086	0.092	0.099	0.107	0.114	0.122	0.13	0.138	0.146	0.155	0.163
19	0.064	0.07	0.076	0.083	0.09	0.097	0.104	0.112	0.12	0.128	0.136	0.144	0.153	0.161
20	0.061	0.067	0.074	0.08	0.087	0.094	0.102	0.11	0.117	0.126	0.134	0.142	0.151	0.16

Cálculo do custo da colheita

A colheita dos resíduos requer um esforço adicional, caso não sejam colhidos ao longo da cultura. Assim, esta colheita adicional pode ser efectuada tanto manualmente como por máquinas. Assim,

Para a colheita manual

Custos de colheita de resíduos, $C_{rh} = \dfrac{W * A}{h_c}$

(15)

Para a colheita mecanizada

Custos de colheita de resíduos, $C_{rh} = \frac{M_c * A}{R_c}$

(16)

4.3 Objetivo 3: Avaliar os benefícios ambientais e sociais das centrais de biogás comprimido (CBG) e desenvolver uma interface baseada no Microsoft Excel com uma biblioteca offline para calcular o custo unitário (Rs/KWh) da energia produzida através dos sistemas de conversão acima mencionados para um cenário de consulta introduzido pelo utilizador.

Cálculo do custo de recolha

Os resíduos agrícolas devem ser recolhidos num local antes de serem transportados para a unidade central de processamento. Esta recolha é efectuada principalmente de forma manual ou através de máquinas.

Para a recolha manual:-.

Custo de recolha, $C_{rc} = \frac{W * R}{C_c * n}$

(17)

Para a recolha mecanizada:-

Custo de recolha, $C_{rc} = \frac{M_c * x * R}{C_{MC} * S}$

(18)

Cálculo do custo de pré-processamento

O modelo calcula o custo incorrido durante dois tipos de pré-processamento, ou seja, redução de tamanho e secagem. Com base no equipamento específico selecionado pelo utilizador, no grau de pré-processamento necessário, o modelo utiliza o custo por hora do equipamento previamente calculado (eq 13) e a eficiência dada pelo utilizador ao adicioná-lo à base de dados, sendo calculado o seu custo operacional. O modelo também tem uma opção de localização do pré-processamento como processamento no local ou fora do local. Este, por sua vez, controla a densidade aparente dos resíduos. A densidade a granel afectaria sucessivamente o custo de transporte para a unidade de armazenamento ou para a indústria de transformação.

Cálculo do custo de transporte

Os resíduos têm de ser transportados dos campos agrícolas/unidades de transformação para o ponto final onde vão ser utilizados. Assim, o custo do transporte desempenha um papel importante na determinação do custo do resíduo.

Tempo de transporte, $T_{TR} = \dfrac{t_{haul} + t_{return} + t_{loading} + t_{unloading}}{e}$

$$(19)$$

Taxa de transporte de massa (Toneladas/hora) $= \dfrac{W_b}{T_{tr}}$

$$(20)$$

Por conseguinte, o custo de transporte $(\text{`}/ton) = \dfrac{Total\ operating\ cost}{Rate\ of\ mass\ transport}$

$$(21)$$

Cálculo do custo de armazenagem

Inclui o custo de manuseamento e o capital investido nas instalações de armazenagem.
O modelo inclui os cinco tipos de armazenagem seguintes
1. Estrutura fechada com chão de pedra britada.
2. Estrutura aberta com chão de pedra britada.
3. Sifão reutilizável no chão esmagado.
4. Exterior desprotegido sobre pedra britada.
5. Exterior desprotegido no solo.

O modelo tem valores predefinidos para o custo de cada uma das técnicas de armazenamento acima mencionadas, mas também dá ao utilizador a opção de os alterar/atualizar de acordo com as suas necessidades.

Assim, o custo total da matéria-prima é calculado da seguinte forma

$$\text{Feedstock Cost}\ \left(C_{biomass/kg} \right) = \frac{Harvest\ Cost + Collection\ Cost + Pre-Processing\ Cost + Transport\ Cost + Storage\ Cost}{1000}$$

$$(22)$$

Produção de energia

A capacidade instalada em toda a Índia de centrais de produção de energia eléctrica no âmbito de serviços de utilidade pública era de 2 28 721,73 MW em 30 de setembro de 2013, sendo as contribuições das fontes de energia hidroelétrica, térmica, nuclear e renovável de 17,39%, 68,19%, 2,08% e 12,32%, respetivamente (http://powermin.nic.in). As fontes de energia renováveis incluem PCH (pequenos projectos hidroeléctricos), BG (gaseificador de biomassa), BP (energia de biomassa), energia de resíduos U&I (urbanos e industriais). Isto mostra claramente a grande dependência da Índia de fontes não renováveis para satisfazer as suas necessidades energéticas. Além disso, a substituição de combustíveis fósseis convencionais por biomassa para a produção de energia resulta tanto na redução líquida das emissões de gases com efeito de estufa como na substituição de fontes de energia não renováveis. Com o avanço das tecnologias e o facto de os recursos de biomassa se encontrarem distribuídos por todo o país, esta tem-se revelado um substrato promissor para a produção de energia [32]. Este trabalho investiga a viabilidade financeira de projectos de produção de energia eléctrica com base na utilização dos custos da biomassa (substrato) calculados de acordo com as secções anteriores.

1. Projeto de produção de energia a partir de gaseificadores de biomassa (BGPP) que funciona em modo de duplo combustível para a produção de energia [32],
2. Combustão em leito fluidizado, seguida de produção de eletricidade em ciclo de turbina a vapor (C/ST) [6],
3. Gaseificação em leito fluidizado, seguida de produção de eletricidade por ciclo de vapor de gás [6].

BGPP

Um projeto de produção de eletricidade com base num gaseificador de biomassa consiste numa unidade de preparação da biomassa, num gaseificador de biomassa, num sistema de arrefecimento e limpeza do gás, num motor de combustão interna adequado para funcionar em modo de combustível duplo, com o gasóleo como combustível piloto e o gás de produção como combustível principal, num gerador elétrico e num sistema de distribuição de eletricidade (Figura 8). A unidade de preparação da biomassa é utilizada para cortar a biomassa recolhida em dimensões adequadas para a alimentação (caso a biomassa a alimentar não tenha as dimensões corretas) no gaseificador de biomassa. Uma vez introduzida no gaseificador, a biomassa é submetida a reacções de secagem, pirólise, oxidação e redução num fornecimento limitado de ar para produzir uma mistura combustível de monóxido de carbono, hidrogénio e metano; diluentes, nomeadamente dióxido de carbono e azoto; e alcatrão e cinzas [22]. O alcatrão e as cinzas são removidos na unidade de arrefecimento e limpeza do sistema de gaseificação, uma vez que, como explicado nas secções anteriores, afectam negativamente o funcionamento e o desempenho do motor.

1. Custo unitário nivelado da eletricidade [32]

O LUCE é o indicador mais comummente utilizado para aceder ao desempenho financeiro de sistemas de fornecimento de energia baseados em energias renováveis, como a BGPP. Pode ser calculado como o rácio entre o custo total anualizado (AC_{BGPP}) da BGPP e a eletricidade anual ($E_{O,\,BGPP}$) fornecida pela mesma, i.e.

$$LUCE_{BGPP} = {AC_{BGPP}}\big/{E_{O,BGPP}}$$

(23)

Eletricidade fornecida pela BGPP [32]

A produção de eletricidade ($E_{O,BGPP}$) fornecida por uma BGPP num ano com a potência nominal (P) do gerador de eletricidade das horas de trabalho num ano e da fração da potência produzida consumida pelos auxiliares da BGPP, "a", como

$$E_{O,BGPP} = P\{hday * dyear * (1 - a)\}$$

(24)

Onde hday representa o número de horas de trabalho num dia e dyear representa o número de dias de trabalho no ano.

2. Custo de capital da BGPP:

O custo de capital da BGPP inclui os custos do gaseificador (C_g), do grupo motor-gerador (C_{eg}) e das obras civis (C_{cw}) e está relacionado com a seguinte equação.

$$C_{BGPP} = C_g + C_{eg} + C_{cw}$$

(25)

O custo total anualizado pode ser estimado tendo em consideração as contribuições dos custos de capital dos subsistemas da BGPP, o custo anual de operação e manutenção e o custo anual dos combustíveis utilizados numa BGPP. O custo anual de capital (AC_C) de cada subsistema da BGPP pode ser calculado através dos respectivos factores de recuperação de capital, com base nas suas vidas úteis e na taxa de desconto, da seguinte forma

$$AC_C = C_g * R_g + C_{eg} * R_{eg} + C_{cw} * R_{cw}$$

(26)

Em que R_g, R_{eg} e R_{cw} representam o fator de recuperação de capital para o gaseificador, o grupo motor-gerador e as obras civis, respetivamente, que podem ser calculados da seguinte forma

$$R = \frac{\{d*(1+d)^t\}}{(1+d)^t - 1}$$

(27)

3. Custo operacional e de manutenção da BGPP:-

O custo anual de operação e manutenção ($AC_{o\&m}$) inclui as contribuições de todos os subsistemas da BGPP e os custos anuais de mão de obra. Matematicamente, pode ser calculado da seguinte forma

$$AC_{o\&m} = C_g * f_g + C_{eg} * f_{eg} + C_{cw} * f_{cw} + hday * dyear * M_{wr} * M_{no}$$

(28)

Onde f_g, f_{eg} e f_{cw} representam o custo de operação e manutenção do gaseificador, do conjunto motor-gerador e das obras civis como fracções dos respectivos custos de capital. M_{wr} e M_{no}, respetivamente, representam a taxa salarial da mão de obra e o número de trabalhadores necessários para a operação e manutenção da BGPP.

Consumo de combustível Custo da BGPP:-

O custo anual do consumo de combustível (AC_F) inclui o preço do gasóleo e da biomassa. Pode ser calculado da seguinte forma,

$$AC_f = hday * dyear * (c_{df} * s_{sdfc} * P + c_{biomass/kg} * s_{bm} * P)$$

(29)

Onde c_{df} e $c_{biomassa/kg}$, respetivamente, representam o preço do gasóleo e da biomassa. s_{sdfc} e s_{sbmc} representam o consumo específico de gasóleo e o consumo específico de biomassa.

Substituindo a eq (23), o LUCE torna-se

$$LUCE_{BGPP} = \frac{(AC_c + AC_{o\&m} + AC_f)}{E_{O,BGPP}}$$

(30)

Os valores utilizados para estas variáveis de entrada são mencionados no quadro 17 e no quadro 19 do apêndice 2.

Combustão em leito fluidizado seguida de ciclo de turbina a vapor (C/ST)

A combustão em leito fluidizado (FBC) é uma tecnologia popular utilizada para queimar combustíveis sólidos. Na sua forma mais canónica, as partículas de combustível são suspensas num leito fluidizado quente e borbulhante de cinzas e outros materiais particulados (areia, calcário, etc.), através do qual são soprados jactos de ar para fornecer o oxigénio necessário à combustão. A mistura rápida e íntima de gás e sólidos que daí resulta promove uma rápida transferência de calor e reacções químicas no interior do leito. As centrais FBC são capazes de queimar uma variedade de combustíveis sólidos de baixa qualidade, incluindo a maioria dos tipos de carvão e biomassa, com elevada eficiência e sem a necessidade de uma preparação dispendiosa do combustível (por exemplo, pulverização). Além disso, para uma dada carga térmica, as FBC são mais pequenas do que uma fornalha convencional equivalente, pelo que podem oferecer vantagens significativas em relação a esta última em termos de custos e flexibilidade [6].

A configuração da instalação em causa consiste numa secção de armazenamento e manuseamento de biomassa e numa secção de combustão e geração de vapor constituída por um combustor de leito fluidizado e uma caldeira que produz vapor utilizando os gases quentes do processo de combustão. Por fim, o vapor gerado é conduzido a um sistema de recuperação de calor onde se expande numa turbina gerando energia eléctrica. Os fumos gerados durante a combustão são tratados para controlo da poluição e remoção de SO_x e NO_x utilizando um sistema de adsorção a seco e um reator catalítico, respetivamente. É também utilizado um filtro de tecido para a remoção de partículas.

A central aqui utilizada foi modelada como uma caixa negra [6] com uma função de transferência entre o caudal de biomassa de entrada $M_{C/ST}$ (t ano^{-1}) e a potência eléctrica líquida de saída $W_{NE,C/ST}$ (MW) do sistema C/ST. Mais especificamente, $W_{NE,C/ST}$ resulta diretamente proporcional quantidade de biomassa M, ao baixo valor calorífico da biomassa (LHV) (kJ/kg) e à eficiência de conversão energética da instalação $Z_{e,C/ST}$, e inversamente proporcional às horas de funcionamento anual da instalação OH (h/ano). Matematicamente, esta relação pode ser expressa como

$$W_{NE,C/ST} = \frac{M_{C/ST}*Z_{e,C/ST}*LHV}{3600*OH}$$

(31)

Por conseguinte, as necessidades anuais de biomassa de uma planta podem ser calculadas da seguinte forma (a partir da eq...)

$$M_{C/ST} = \frac{W_{NE,C/ST}*3600*OH}{Z_{e,C/ST}*LHV}$$

(32)

OndeOH $=$ hday $*$ dyear

(33)

E o custo do combustível seria:

$$C_{fuel,C/ST} = M_{C/ST} * C_{biomass/kg} * 1000$$

(34)

O custo dos equipamentos utilizados na central em função da produção eléctrica líquida da central $W_{NE,C/ST}$ (MW), conforme adotado de [6].

4.4 Discussão e demonstração

A análise destaca o potencial significativo das matérias-primas à base de biomassa para a produção de GFC na Índia. Os RSU surgiram como a matéria-prima mais promissora devido ao seu custo zero e aos elevados rendimentos de biogás. A lama de prensa também mostrou grande potencial com baixos custos e bons rendimentos, tornando-a uma opção viável para a produção de CBG em grande escala.

A palha de arroz e o capim Napier são matérias-primas eficientes com elevados rendimentos de biogás e margens económicas positivas. No entanto, a sua disponibilidade e custo podem ser factores limitativos.

O estrume de vaca, embora abundante, é menos eficiente e economicamente viável devido ao seu menor rendimento em biogás e aos requisitos mais elevados em matéria-prima. A sua utilização poderia ser optimizada através da sua integração com outras matérias-primas ou da redução dos custos de aquisição.

A análise económica demonstra que a viabilidade das instalações de produção de GFC melhora com preços mais elevados das matérias-primas, um funcionamento eficiente e uma utilização adequada dos subsídios e incentivos governamentais, como os regimes SATAT e GOBAR-Dhan.

4.4.1 Demonstração

A folha principal da aplicação Excel dá ao utilizador a possibilidade de atualizar as bases de dados das culturas e do equipamento. Uma vez adicionados os dados à base de dados, o utilizador pode consultá-los/utilizá-los em qualquer altura. A folha principal (apresentada na figura 19) contém também um botão de carregamento que actualiza a memória virtual do programa e preenche o menu pendente de culturas. O programa mostra agora todas as culturas presentes na base de dados para o utilizador selecionar.

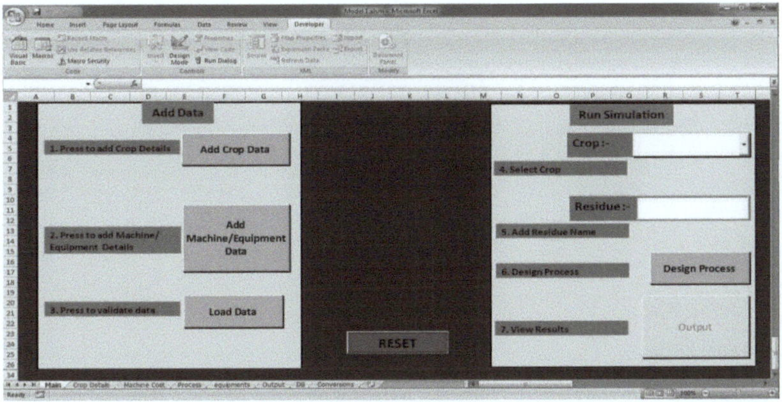

Figura 19. Folha principal/de controlo da interface Excel

A folha seguinte é a folha dos "pormenores da cultura". Como mostra a figura abaixo, contém o rendimento da cultura, a ração de resíduos e o teor de humidade inicial, a área cultivada, todos fornecidos pelo utilizador, e calcula o total de resíduos produzidos. Uma vez que se trata de uma pequena base de dados, o utilizador dispõe também de controlos que lhe permitem acrescentar ou retirar culturas da base de dados de acordo com a sua vontade.

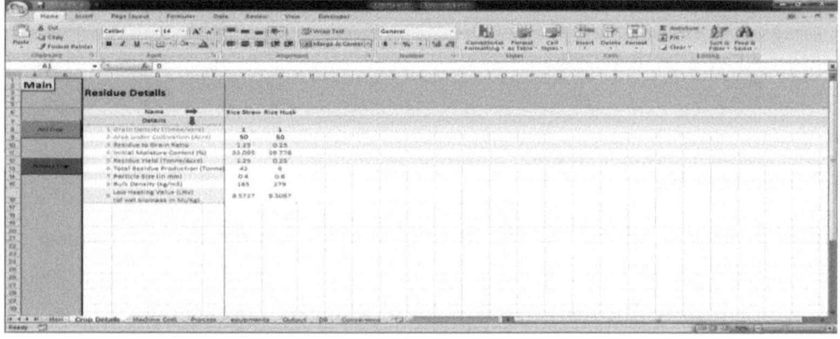

Figura 20. Folha com os pormenores da cultura (base de dados das culturas)

Esta folha é seguida da base de dados do equipamento. Como se pode ver na Figura 21, calcula-se aqui o custo de funcionamento do equipamento por hora.

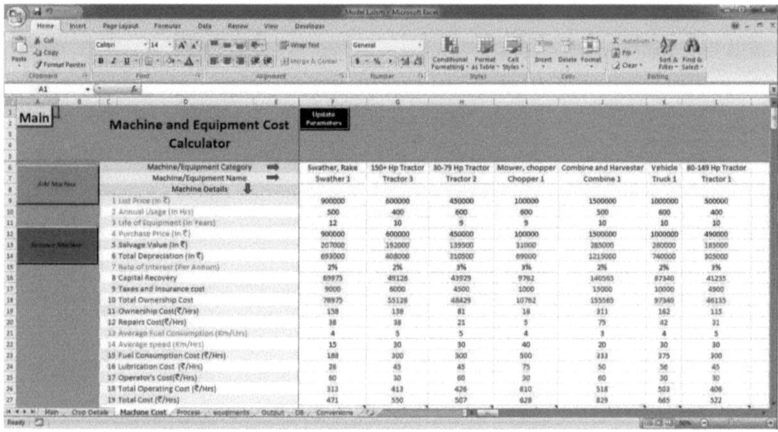

Figura 21. Folha com os pormenores do equipamento (base de dados do equipamento)

O controlo pede ao utilizador alguns dados básicos, como a sua categoria entre as 20 classificadas, o preço de tabela e de compra, as horas de trabalho, a taxa de juro, as horas de trabalho anuais, a eficiência de trabalho e o consumo médio de combustível para calcular os custos fixos e variáveis, tal como explicado no capítulo 3.

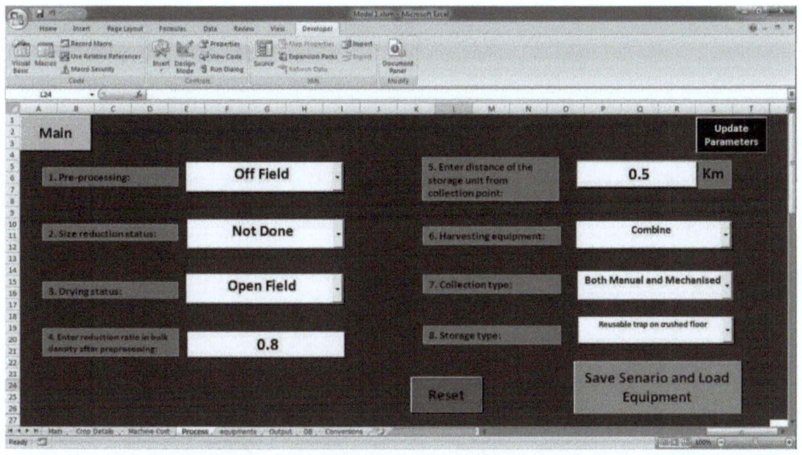

Figura 22. Folha para a conceção do processo

A Figura 22 mostra a folha de desenho do processo da interface Excel. Aqui o utilizador deve selecionar entre diferentes opções para conceber o fluxo de controlo dos resíduos de biomassa desde a colheita até à disponibilização final à indústria transformadora ao nível do armazenamento. O utilizador tem de selecionar entre a natureza e o grau de pré-processamento utilizado, o mecanismo de colheita e recolha utilizado e o sistema de armazenamento utilizado. Há vários pressupostos associados aos cálculos de cada processo. Embora os valores tenham sido retirados da literatura existente, o modelo dá ao utilizador a flexibilidade de os visualizar e atualizar em qualquer altura, de acordo com as suas necessidades. A Figura 23 abaixo mostra a janela pop-up apresentada quando o utilizador seleciona a visualização dos parâmetros.

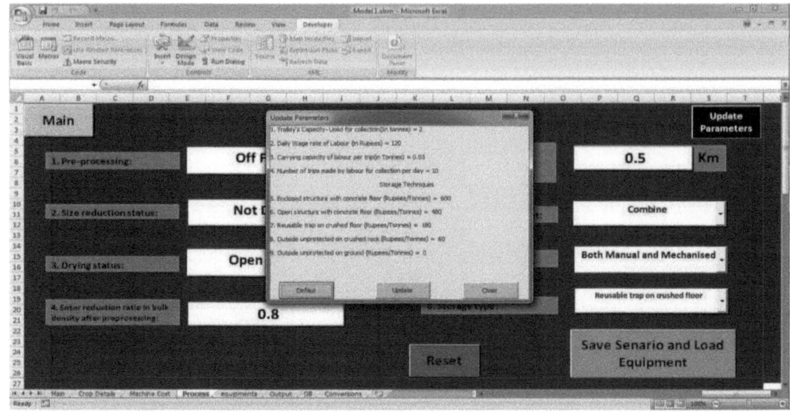

Figura 23. Parâmetros utilizados no cálculo do custo do lado da oferta

As selecções feitas nesta folha determinam as classes de equipamentos que podem ser utilizadas na folha seguinte. Como mostra a Figura 24 abaixo, só estão activas para seleção as classes de equipamentos que foram selecionadas na folha anterior.

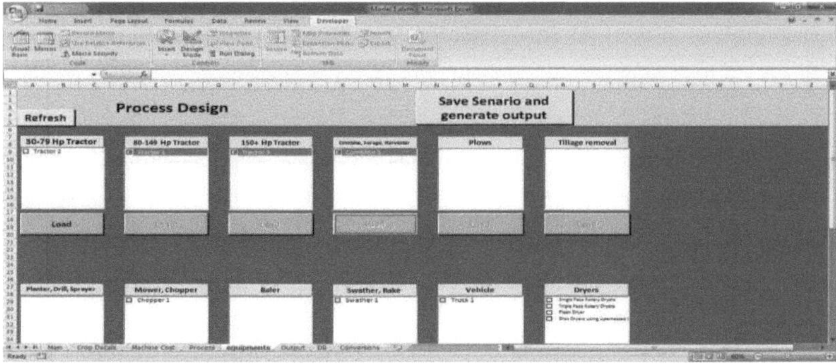

Figura 24 Folha de resultados que mostra o custo de aquisição para a indústria

Após a seleção bem sucedida de todos os equipamentos a utilizar, os controlos voltam à folha principal, onde o botão de saída está agora ativo. Quando o utilizador o seleciona, todos os custos envolvidos na abordagem do lado da oferta são calculados de acordo com as equações explicadas no capítulo três. Os valores calculados são categorizados nas suas classes e são apresentados de seguida.

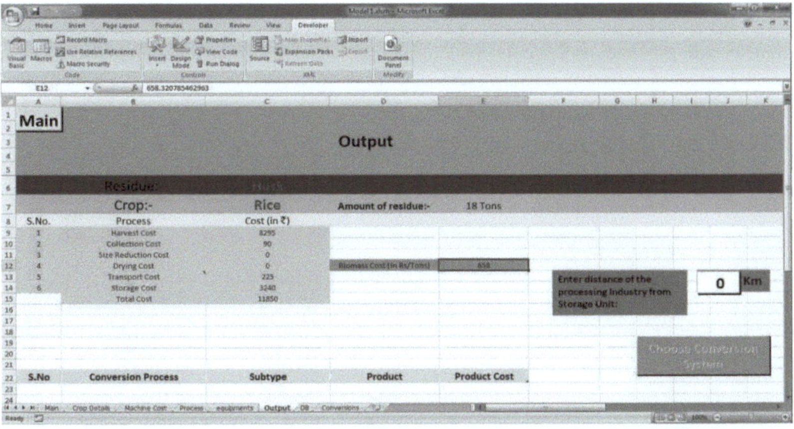

. **Figura 25. Folha de resultados que mostra o custo de aquisição para a indústria**

Calcula-se agora o custo a que a indústria pode adquirir biomassa numa estação de armazenamento remota. Adicionando a sua distância à mesma e selecionando o sistema de transporte adequado utilizado (dado pelo utilizador), é calculado o custo final de disponibilidade que é posteriormente utilizado como custo de matéria-prima para o processo de conversão.

Uma vez que o custo da matéria-prima é calculado, esta etapa marca o fim da abordagem do lado da oferta. O passo seguinte consiste em selecionar um processo de conversão adequado. É nesta folha que a abordagem do lado da oportunidade é utilizada para calcular o custo do produto final utilizando o custo da matéria-prima previamente calculado. Antes de selecionar um determinado processo de conversão, o utilizador pode também visualizar/atualizar os parâmetros do processo utilizados para o cálculo. Uma vez satisfeitos, o controlo pede ao utilizador que selecione um processo de conversão adequado. A Figura 17 mostra o exemplo da seleção de BGPP para a produção de energia. A ferramenta também inclui C/ST e G/CC como mecanismos de conversão para a produção de eletricidade através da combustão e gaseificação de biomassa, respetivamente. Mas estes não são mostrados na demonstração atual.

Como se pode ver na Figura 26, o utilizador tem de selecionar entre diferentes potências nominais da central, que variam entre 5 e 50KW. Além disso, o utilizador tem de selecionar entre diferentes eficiências da central. Estes dois factores são classificados como entradas obrigatórias. As entradas opcionais para a BGPP são classificadas como parâmetros fiscais e de desempenho. O utilizador pode actualizálos antes de efetuar o cálculo ou utilizar os valores por defeito existentes, tal como mencionado nos anexos 2,3 e 4.

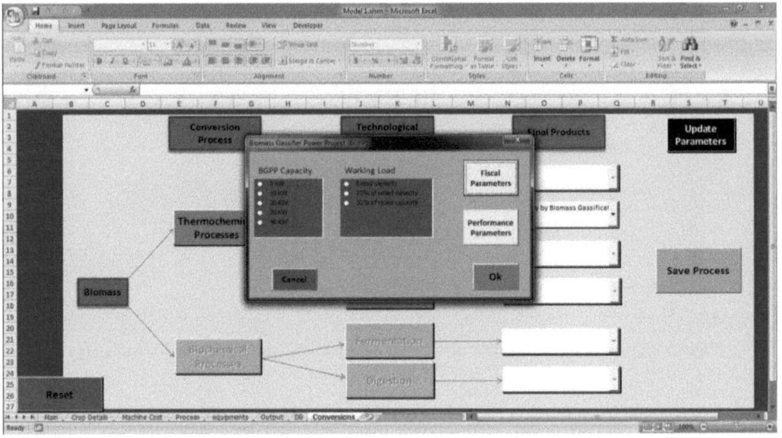

Figura 27: Seleção da BGPP como processo de conversão

Quando os parâmetros são definidos e o utilizador seleciona o botão 'OK', a ferramenta calcula o custo LUCE e volta à folha de saída. A Figura 28 mostra a folha de saída com os valores finais do LUCE obtidos através de diferentes processos de conversão para diferentes potências. Na segunda secção deste capítulo, é feita uma comparação detalhada entre estas três conversões e o efeito da escala nos parâmetros visuais.

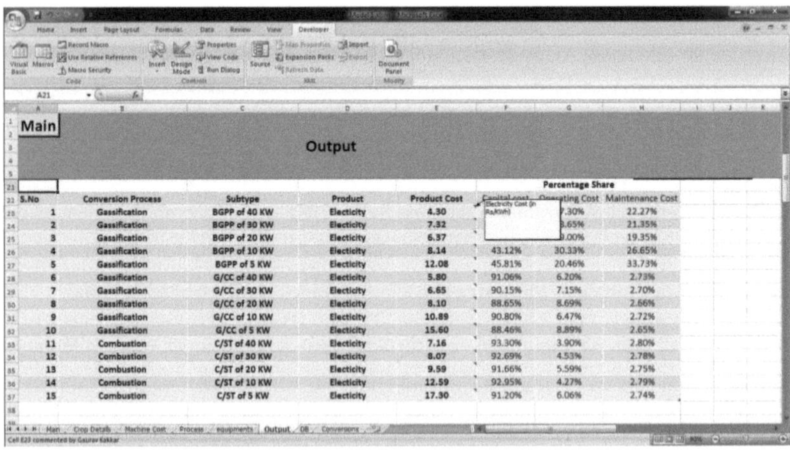

Figura 28. Folha de resultados que mostra o custo do produto final através de diferentes processos de conversão

4.4.2 Estudo de caso

A fim de comparar o custo final LUCE entre três mecanismos de conversão para a produção de energia a partir de uma única matéria-prima e ver o efeito de escala para cada método de conversão, foram efectuados os seguintes cálculos. Este cálculo demonstra a utilização e a capacidade da ferramenta para efetuar a análise fiscal e estudar os efeitos das variáveis logísticas no produto final.

Quadro 8. Resultados da abordagem do lado da produção/oferta

Cenário	Entrada do utilizador	Parâmetros assumidos (entradas opcionais)	Solução resultante
Detalhes da cultura	**Palha de arroz** Rendimento em grão:- 1 tonelada por hectare (média do estado de Bihar, Karnataka e Punjab, 2001-02) Área cultivada - 50 hectares Humidade relativa (no momento da colheita)-80%	Relação resíduo/grão:-1,25 Tamanho das partículas: - 0,4 mm Análise final (% base seca) Carbono - 37,7% Hidrogénio - 5% Oxigénio - 37,5% Azoto - 0,6%	Quantidade de resíduos: - 42 tons Humidade inicial:- 32% Densidade e a granel:- 165 Kg/m^3 $LHV_{húmido\ biomassa}$= 8,57 Mj/Kg

Detalhes do equipamento	Trator (30-79 Hp)	Ceifeira-debulhadora	Camião	Taxa de impostos e seguros:- 1%	Custo por hora de
	Preço de compra:- 6,00,000 Utilização anual:- 600 horas Duração:- 8 anos Consumo médio de combustível: -8km/ltr Preço do combustível: - 50 Rs/Ltr N.º de operadores:- 1 Velocidade média:- 20 Km/hrs	Preço de compra:- 9,00,000 Utilização anual:- 500 horas Vida:- 10 anos Consumo médio de combustível: -5 km/ltr Preço do combustível: - 50 Rs/Ltr N.º de operadores:- 2 Velocidade média:- 20 Km/hrs Taxa de limpeza:- 0,5 Acre/Hrs (para 1,5 m de largura da ceifeira)	Preço de compra:- 12,00,000 Utilização anual:- 500 horas Vida útil:- 8 anos Consumo médio de combustível: - 10 km/ltr Preço do combustível: - 50 Rs/Ltr N.º de operadores:- 2 Velocidade média:- 40 Km/hrs Capacidade: - 5 toneladas	Salário do operador :- 30 Rs/hr Fração do custo de reparação: - 25% (Fração do preço de compra gasto em reparações durante todo o tempo de vida) Custo de lubrificação Fração:- 15% (Fração do preço do combustível gasto em lubrificação)	Trator:- 328 Rs/Hr Ceifeira-debulhadora:-431 Rs/Hr Camião:- 671 Rs/Hr
Custo da colheita	**Equipamento de colheita:-** Ceifeira-debulhadora			------	1026 Rs/Tons

Custo de recolha	**Tipo de recolha:-** Manual	Salário diário da mão de obra:- 120 Rs Capacidade de carga de mão de obra por viagem:- 0,05 tons Número de viagens por dia=10	240 Rs/Tons
Custo de transporte	**Da quinta para o armazém:-** Trator (30-79 cv) **Distância transportada:-**1 Km	Capacidade do carrinho:- 2 tons Eficiência dos transportes:-0,9 Tempo de transporte = Tempo de carga+ Tempo de descarga+ Tempo de transporte + Tempo de regresso	12 Rs/Tons
	Do armazém à indústria:- Camião **Distância transportada:-** 10 Km		141 Rs/Tons

Custo de armazenamento	**Tipo de armazenamento:-** Estrutura fechada com chão de betão	Custo do coletor reutilizável no chão esmagado = 180 Rs/Tones	600 Rs/Tons
Custo da biomassa:-			**2019 Rs/Tons**

Quadro 9. Resultados da abordagem do lado da procura/oportunidade

Cenário	Entrada do utilizador	Parâmetros assumidos (entradas opcionais)	Solução resultante
LUCE$_{BGP}$ P	**Potência nominal**= 5 KW **Eficiência**= Eficiência nominal	Parâmetros do equipamento= Quadro 19 do apêndice 2 Parâmetros de desempenho= Quadro 17 do apêndice 2 Custo da biomassa= 2019 Rs/Toneladas	**12,08 Rs/KWh** Fracções de custo (Custo de capital anualizado= 45,81% Custo anual de funcionamento= 20,46%. Custo anual de manutenção= 33,73%)
LUCE$_{BGP}$ P	**Potência nominal**= 10 KW **Eficiência**= Eficiência nominal	Parâmetros do equipamento= Quadro 19 do apêndice 2 Parâmetros de desempenho= Quadro 17 do apêndice 2 Custo da biomassa= 2019 Rs/Toneladas	**8,14 Rs/KWh** Fracções de custo (Custo de capital anualizado=43,12% Custo anual de funcionamento= 30,33 %

			Custo anual de manutenção= 26,65%)
LUCE$_{BGP}$ P	**Potência nominal**= 20 KW **Eficiência**= Eficiência nominal	Parâmetros do equipamento= Quadro 19 do apêndice 2 Parâmetros de desempenho= Quadro 17 do apêndice 2 Custo da biomassa= 2019 Rs/Toneladas	**6,37 Rs/KWh** Fracções de custo (Custo de capital anualizado= 41,65% Custo anual de funcionamento= 39 % Custo anual de manutenção= 19,35%)
LUCE$_{BGP}$ P	**Potência nominal**= 30 KW **Eficiência**= Eficiência nominal	Parâmetros do equipamento= Quadro 19 do apêndice 2 Parâmetros de desempenho= Quadro 17 do apêndice 2 Custo da biomassa= 2019 Rs/Toneladas	**7,32 Rs/KWh** Fracções de custo (Custo de capital anualizado= 45% Custo anual de funcionamento= 33,65%. Custo anual de manutenção= 21,35%)
LUCE$_{BGP}$ P	**Potência nominal**= 40 KW **Eficiência**= Eficiência nominal	Parâmetros do equipamento= Quadro 19 do apêndice 2 Parâmetros de desempenho= Quadro 17 do apêndice 2 Custo da biomassa= 2019 Rs/Toneladas	**4,3 Rs/KWh** Fracções de custo (Custo de capital anualizado=20,4 3%

			Custo anual de funcionamento= 57,3 % Custo anual de manutenção= 22,27%)
LUCE$_{C/ST}$	**Potência nominal**= 5 KW	Parâmetros= Quadro 20 do apêndice 3 Custo da biomassa= 2019 Rs/Toneladas	**17,3** Fracções de custo (Custo de capital anualizado=91,2 % Custo anual de funcionamento= 6,06 % Custo anual de manutenção= 2,74%)
LUCE$_{C/ST}$	**Potência nominal**= 10 KW	Parâmetros= Quadro 20 do apêndice 3 Custo da biomassa= 2019 Rs/Toneladas	**12,59 Rs/KWh** Fracções de custo (Custo de capital anualizado=93,1 3% Custo anual de funcionamento= 4,15 % Custo anual de manutenção= 2,72%)
LUCE$_{C/ST}$	**Potência nominal**= 20 KW	Parâmetros= Quadro 20 do apêndice 3 Custo da biomassa= 2019 Rs/Toneladas	**9,59 Rs/KWh** Fracções de custo (Custo de capital

			anualizado=91,6 6% Custo anual de funcionamento= 5,59 % Custo anual de manutenção= 2,75%)
LUCE$_{C/ST}$	**Potência nominal=30** KW	Parâmetros= Quadro 20 do apêndice 3 Custo da biomassa= 2019 Rs/Toneladas	**8,07 Rs/KWh** Fracções de custo (Custo de capital anualizado=92,6 9% Custo anual de funcionamento= 4,52 % Custo anual de manutenção= 2,79%)
LUCE$_{C/ST}$	**Potência nominal=** 40 KW	Parâmetros= Quadro 20 do apêndice 3 Custo da biomassa= 2019 Rs/Toneladas	**7,16 Rs/KWh** Fracções de custo (Custo de capital anualizado=93,2 9% Custo anual de funcionamento= 3,9 % Custo anual de manutenção= 2,81%)
LUCE$_{G/C}$ C	**Potência nominal=** 5 KW	Parâmetros= Quadro 21 do apêndice 4	**15,6**

		Custo da biomassa= 2019 Rs/Toneladas	Fracções de custo (Custo de capital anualizado=91,2 % Custo anual de funcionamento= 6,06 % Custo anual de manutenção= 2,74%)
LUCE$_{G/C}$ c	**Potência nominal**= 5 KW	Parâmetros= Quadro 21 do apêndice 4 Custo da biomassa= 2019 Rs/Toneladas	**15,6** Fracções de custo (anualizado custo de capital=88,45%) Custo anual de funcionamento= 8,89 % Custo anual de manutenção= 2,66%)
LUCE$_{G/C}$ c	**Potência nominal**= 10 KW	Parâmetros= Quadro 21 do apêndice 4 Custo da biomassa= 2019 Rs/Toneladas	**10,89** Fracções de custo (Custo de capital anualizado=90,8 % Custo anual de funcionamento= 6,47%. Custo anual de manutenção= 2,73%)

LUCE$_{G/C}$	**Potência**	Parâmetros= Quadro 21	**8,1**
c	**nominal**= 20 KW	do apêndice 4 Custo da biomassa= 2019 Rs/Toneladas	Fracções de cust (Custo de capital anualizado=88,63% Custo anual de funcionamento= 8,7 % Custo anual de manutenção= 2,67%)
LUCE$_{G/C}$	**Potência**	Parâmetros= Quadro 21	**6,65**
c	**nominal**= 30 KW	do apêndice 4 Custo da biomassa= 2019 Rs/Toneladas	Fracções de custo (Custo de capital anualizado=90,13% Custo anual de funcionamento= 7,15 % Custo anual de manutenção= 2,72%)
LUCE$_{G/C}$	**Potência**	Parâmetros= Quadro 21	**5,8**
c	**nominal**= 40 KW	do apêndice 4 Custo da biomassa= 2019 Rs/Toneladas	Fracções de custo (Custo de capital anualizado=91,08% Custo anual de funcionamento= 6,19 %

			Custo anual de manutenção= 2,73%)

Para C/ST e G/CC:

Custo de capital: - Custo dos equipamentos de produção de energia, armazenamento e manuseamento de biomassa, equipamento de tratamento de fumos, tubagens, obras eléctricas e civis, custos de instalação, serviços auxiliares, instrumentação e controlo, preparação do local, engenharia e custos de arranque.

Custo de exploração: - Custo da mão de obra, custo do transporte e eliminação das cinzas, custo da biomassa

Custo de manutenção: - manutenção das instalações em função do custo do capital

Para BGPP:

Custo de capital: Custo do gaseificador de biomassa e seus acessórios, custo do gerador de energia com motor de duplo combustível, custo das obras civis.

Custo de funcionamento: Inclui o custo da biomassa e do gasóleo

Custos de manutenção: Custo de manutenção do gaseificador, do gerador de energia com motor bicombustível e das obras civis, custo da mão de obra operacional

A Figura 19 apresenta uma comparação gráfica do custo LUCE obtido a partir dos dados: (Feche o gráfico de todos os lados para obter um melhor aspeto, se possível utilize o Origin)

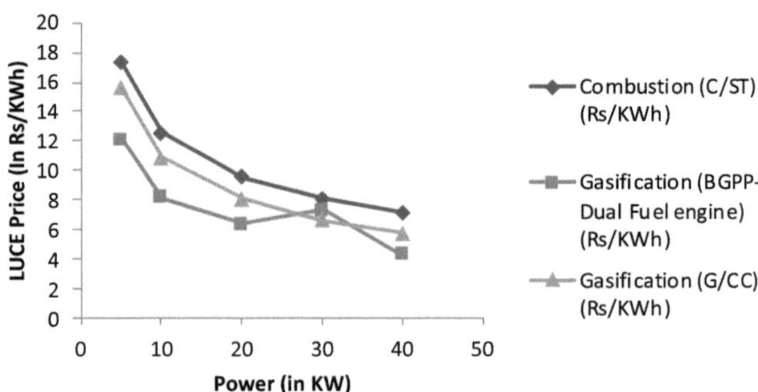

Figura 29. Comparação do custo LUCE para BGPP, C/ST e G/CC

Como se pode ver no gráfico acima, a produção de energia a partir de BGPP - motor bicombustível é a mais barata entre a capacidade da central de 5 KW e 40 KW, com uma exceção a 30 KW, onde uma central baseada em G/CC seria uma opção mais barata.

Além disso, cada um destes custos pode ser dividido nos seus factores de custo individuais: Custo de capital anualizado, custos operacionais anuais e custo de manutenção anual para cada uma das três configurações. Abaixo estão as percentagens de cada componente (em percentagem) para o custo LUCE final em função da capacidade da central.

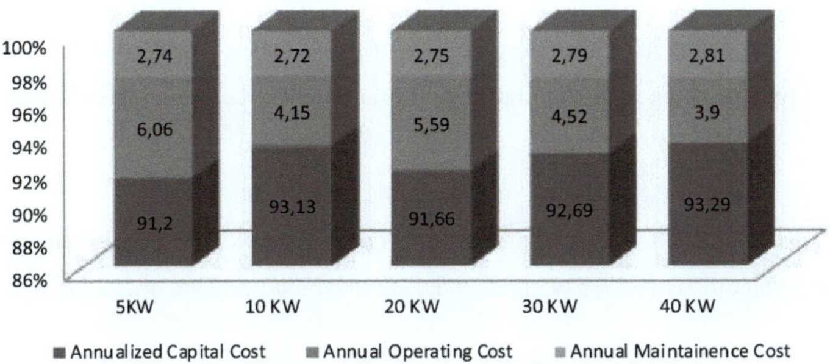

Figura 30. Percentagem das componentes da LUCE para C/ST

Os custos de capital incluem: Custo dos equipamentos de produção de energia, armazenamento e manuseamento de biomassa, equipamento de tratamento de fumos, tubagens, obras eléctricas e civis, custos de instalação, serviços auxiliares, instrumentação e controlo, preparação do local, engenharia e custos de arranque.

Os custos operacionais incluem: Custo de mão de obra, custo de transporte e eliminação de cinzas, custo da biomassa

Os custos de manutenção incluem: Manutenção de instalações em função do custo de capital

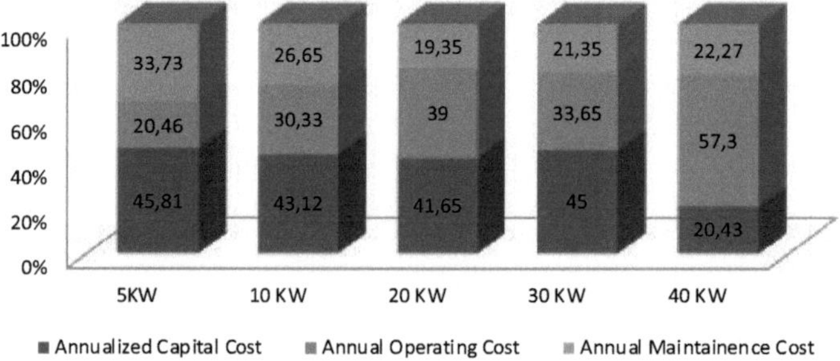

Figura 31. Percentagem das componentes da LUCE para a BGPP

O custo de capital inclui: Custo do gaseificador de biomassa e respetivos acessórios, custo do gerador de energia com motor de duplo combustível, custo das obras de construção civil.

O custo operacional inclui: Inclui o custo da biomassa e do gasóleo

Custos de manutenção: Custo de manutenção do gaseificador, do gerador de energia com motor bicombustível e das obras civis, custo da mão de obra operacional

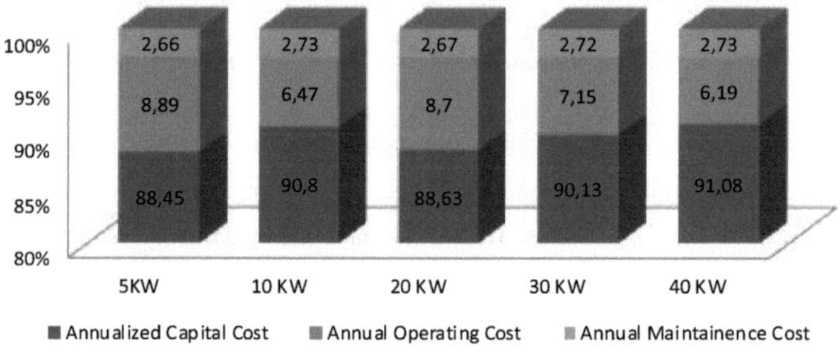

Figura 32. Percentagem das componentes da LUCE para a G/CC

Onde os custos de capital incluem: Custo dos equipamentos de produção de energia, armazenamento e manuseamento de biomassa, equipamento de tratamento de fumos, tubagens, obras eléctricas e civis, Custos de instalação, serviços auxiliares, instrumentação e controlo, preparações no local, engenharia e custos de arranque.

Os custos operacionais incluem: Custo de mão de obra, custo de transporte e eliminação de cinzas, custo da biomassa

Os custos de manutenção incluem: Manutenção de instalações em função do custo de capital

CAPÍTULO 5: CONCLUSÃO

A avaliação das matérias-primas à base de biomassa para a produção de GFC na Índia revela que os RSU e as lamas de prensagem são as opções mais promissoras devido à sua viabilidade económica e aos elevados rendimentos de biogás. A palha de arroz e o capim Napier também constituem alternativas viáveis com boa eficiência e margens económicas positivas. O estrume de vaca, embora abundante, é menos eficiente e economicamente viável, a menos que seja adquirido a custo zero. Os resultados fornecem uma compreensão abrangente do potencial e da eficiência de diferentes matérias-primas à base de biomassa, orientando futuros investimentos e decisões operacionais no sector do GFC. O estudo permitiu retirar as seguintes conclusões

1. Desenvolvimento bem sucedido de uma ferramenta baseada no Microsoft Excel para efetuar a análise fiscal da utilização de resíduos de biomassa agrícola como matéria-prima para a produção de energia.
2. Possibilidade de o utilizador atualizar os parâmetros de base para a análise de casos específicos, tornando-a uma ferramenta de fácil utilização.
3. Foram efectuadas repartições fiscais e comparações entre diferentes processos de conversão.
4. Análise de sensibilidade para parâmetros individuais num processo de conversão.
5. Através de uma estimativa adequada do custo de produção e do custo de oportunidade, é possível avaliar o âmbito e a viabilidade da criação de uma unidade de transformação de biomassa com base nas tecnologias mencionadas e compará-la com a economia do substrato utilizado convencionalmente.
6. Das três tecnologias de produção de energia, nomeadamente BGPP, C/ST e G/CC, o custo de aquisição de energia da BGPP provou ser o mais baixo para a capacidade da central entre 5 KW e 40 KW, com exceção de 30 KW, em que a G/CC apresentou o menor custo de aquisição de energia.
7. O C/ST resultou ser a via mais cara para a produção de eletricidade entre BGPP, C/ST e G/CC para toda a gama (5KW-40KW).

REFERÊNCIAS

[1] Aggarwal, L.K., Aggarwal, S.P., Thapliyal, P.C e Karade, S.R, (2008), "Cement- bonded composite boards with arhar stalks", *Cement & Concrete Composites*, Vol 30, pp. 44-51

[2] Alberti M, Riva G, Scrosta V, Toscano G, Botta G, Brignoli V. Analisi delle iniziative per la produzione di energia elettrica da biomasse agro-industriali in Italia. Actas do IV Simpósio Nacional: Utilização Térmica de Resíduos. Abano Terme 12-13 de junho de 2003. pp.267-77 (em italiano).

[3] Aston University e DK Teknik (1993). *An Assessment of Thermochemical Conversion Systems for Processing Biomass and Wastes (Avaliação de sistemas de conversão termoquímica para o processamento de biomassa e resíduos)*. ETSU, B/T1/00207 /Rep.

[4] Austerman S., Whiting K.J. (2007) Advanced Conversion Technology (Gasification) for biomass projects: Commercial Assessment. Relatório produzido pela Juniper Consultancy services Ltd para a Renewables East.

[5] Brown R.C., (2003), Biorenewable resources engineering: new products form agriculture, Ames IA, Iowa State Press

[6] Caputo C.A., Palumbo M., Pelagagge P.M., Scacchia F., (2005), "Economics of biomass energy utilization in combustion and gasification plants: effects of logistic variables", *Biomass and Bioenergy*, Vol 28, pp. 35-51.

[7] Chun H & Overend R. (2001). "Biomassa e combustíveis renováveis". *Tecnologia de Processamento de Combustível*, Vol 71, pp. 187-195

[8] Coombs,J. (1996). *Estudo de avaliação da bioconversão*. CPL Scientific Ltd, Reino Unido (Air - CT92 - 8007).

[9] D. Voivontas, D. Assimacopoulos, E.G. Koukios(2001), "Assessment of biomass potential for power production: a GIS based method", *Biomass and Bioenergy*, Vol 20, pp. 101-112.

[10]Demirbas, A. (1998) "Determination of combustion heat of fuels by using non-calorimetric experimental data", *Energy Edu Sci Technol,* Vol 1, pp. 7-12.

[11]Energy Statistics, 2013 (twentieth Issue), Central Statistics Office, Ministry of statistics and programme implementation, Govt. Of India, New Delhi.

[12]F.Rosillo-Calle e D.O. Hall (1991) *Biomass in Developing Countries,* Office of Technology Assessment, Kings College London.

[13]FAO (1996), FAO Yearbook of Forest Products 1994, Organização das Nações Unidas para a Alimentação e a Agricultura, Roma.

[14]Gallagher P., Dikeman M., Fritz J., Wailes E., Gauther W., e Shapouri W. (2003). Biomass from crop residues: Cost and supply estimates, Agricultural Economic Report No 819. Gabinete do Economista-Chefe, Gabinete de Política Energética e Novas Utilizações, Departamento de Agricultura dos EUA.

[15]Grønli, M. (1996). Theoretical and experimental study of the thermal degradation of biomass, tese de doutoramento, Universidade Norueguesa de Ciência e Tecnologia, NTNU.

[16] Haefele, S.M., Y. Konboon, W. Wongboon, S. Amarante e A.A Maarifat, (2011). "Effects and fate of biochar from rice residues in rice-based systems". *Field Crops Res.*, Vol 121: pp. 430-440

[17] Hashem, A., Akasha, R.A.,. Ghith, A., Hussein, D.A. (2007)." Adsorvente baseado em resíduos agrícolas para remoção de metais pesados e corantes: A review. Energy Edu Sci Technol 19:69-86.

[18] Inflação histórica da Índia - Inflação do IPC. Disponível: http://inflation.eu/inflation-rates/india/historic-inflation/cpi-inflation-india.aspx. Acedido: 10 agosto, 2014

[19] Gravalos, I., Kateris, D., Xyradakis, P., Gialamas, T., Loutridis, S., Augousti, A., Georgiades, A., Tsiropoulos, Z. (2010), "A study on calorific energy values of biomass residue pellets for heating purposes", Proc., Forest Engineering: Meeting the Needs of the Society and the Environment (FORMEC 2010) 11 a 14 de julho de 2010, Padova - Itália.

[20] Universidade do Estado do Iowa, *Estimating Farm Machinery Costs-Ag Decision Maker*, Extensão Universitária, Ficheiro A3-29 PM-710

[21] Knudsen, J.N.et al. (2001). Experimental investigation of sulfur release during thermal conversion of wheat straw and its application to full-scale grate firing, Sixth International Conference on Technologies and Combustion for a Clean Environment, 9-12 July, 2001, Porto (Portugal), Vol. 3, pp. 1303-1309.

[22] Kohli, S., Ravi, M.R.,(2003)." Gasificação de biomassa para eletrificação rural: perspectivas e desafios". *Jornal SESI*, Vol13, pp. 83-101

[23] Kumar A., Purohit P., S Rana S., Kandpal T. C., (2002), "An approach to the estimation of the value of agricultural residues used as biofuels", *Biomass and Bioenergy*, Vol 22, pp. 195-203.

[24] Kumar, M. e Patel, S. K., (2011), "An assessment of electricity generation potentials of agricultural residues for power industries in India", *Energy Sources, Part A: Recovery, Utilization, and Environmental Effects,* Vol 33(23), pp. 2171-2180

[25] LRZ Ltd. (1993). *Downdraft Gasifiers under 200 kWe*. ETSU,B/M3/00388/04/Rep

[26] McKendry. P (2001). "Energy production from Biomass (Part 1): overview of biomass", *Bioresource Technology*, Vol 83, pp. 37-46.

[27] McKendry. P (2001). "Energy production from Biomass (Part 2): Conversion Technologies", *Bioresource Technology*, Vol 83, pp. 37-54

[28] Mitsui Babcock Ltd. (1997). *Estudos sobre o processamento térmico de biomassa e materiais residuais.* ETSU, B/T1/00358/Rep.

[29] MNRE (2009). Ministério dos Recursos Energéticos Novos e Renováveis, Governo da Índia, Nova Deli. Disponível: www.mnre.gov.in/biomassrsources, Visitado: 12 December, 2013.

[30] Instituto de Recursos Naturais (1996). *Produção Descentralizada de Eletricidade a partir de Biomassa*. ETSU, B/T1/00351 /Rep.

[31] NCAER (1992). Evaluation survey of household biogas plants set up during seventh five year plan, National Council for Applied Economic Research, New Delhi.

[32] Nouni M.R., Mullick S.C., Kandpal K.C., (2007), "Biomass gasifier projects for decentralized power supply in India: A financial evaluation", *Energy Policy*, Vol 35, pp. 1373-1385.

[33] Pathak, B.S. (2004). Crop Residue to Energy (Resíduos de culturas para energia). *In*: *Environment and Agriculture* (Eds. K.L. Chadha e M.S. Swaminathan), Malhotra Publishing House, New Delhi, pp. 854-869.

[34] Pathak, H., Bhatia, A., Jain, N. e Aggarwal, P.K. (2010). Greenhouse gas emission and mitigation in Indian agriculture - A review, In *ING Bulletins on Regional Assessment of Reactive Nitrogen, Bulletin No. 19* (Ed. Bijay-Singh), SCON-ING, New Delhi, pp. 34.

[35] Associação de Energias Renováveis 2013. Um guia de ferramentas para avaliar a facilidade de um projeto de digestão anaeróbia desenvolvido para o benefício de uma comunidade ou para uma única exploração agrícola. Disponível: http://www.r-e-a.net/biofuels/biogas/anaerobic-digestion/ad-biological-cycle, Acedido em 10 de novembro de 2013

[36] Richard, L.B., An introduction to biomass thermochemical conversions, Proc. Workshop DOE/NASLUGC sobre Biomassa e Energia Solar, 3-4 de agosto de 2004

[37] Rowell, R.M. (1997), Paper and Composites from Agro-Based Resources, CRC Press, pp. 7-427

[38] Salminen E., Rintala J. (2002), "Anaerobic digestion of organic solid poultry slaughter house waste- a review", *Bioresource Technology*, Vol 83, pp.13-26

[39] Singh R.N., (2004), "Equilibrium moisture content of biomass briquettes", *Biomass and Bioenerg*, Vol 26, pp. 251-253

[40] Sinha C.S, Ramana P.V. e Joshi V. (1994). "Rural Energy Planning in India: Designing Effective Intervention Strategies", *Energy Policy*, 22 (5).

[41] Sokhansanj, S., Turhollow, A, Cushman , J. e Cundiff,, J.(2002). "Engineering aspects of collecting corn stover for bioenergy". *Biomass Bioenergy*, Vol 23, pp. 347-355

[42] Tortosa-Masiá, A.A., Buhre, B.J.P., Gupta, R.P., Wall, T.F.. "Characterising ash of biomass and waste", *Fuel Proc Technol*, Vol 88, pp.1071-1081

[43] Ultimate and proximate analysis of Rice residues, Disponível: http://www.knowledgebank.irri.org/, Acedido em 20 de janeiro de 2014

[44] Ultimate and proximate analysis of Wheat straw, Disponível: https://www.ecn.nl/phyllis2/Browse/Standard/ECN-Phyllis#wheat straw, Acedido em 20 de janeiro, 2014

[45] Ward C.R., Hobbs P.J., Holliman P.J. & Jones D.L. (2008), "Optimization of the anaerobic digestion of agricultural resources. Review", *Bioresource Technology*, Vol 99, pp. 7928-7940.

[46] Warren Spring Laboratory (1993) a. *Fundamental Research on the Thermal Treatment of Wastes and Biomass (Investigação fundamental sobre o tratamento térmico de resíduos e biomassa): Literature Review of Part Research on Thermal Treatment of Biomass and Waste.* ETSU,B/T1/00208 /Rep/1.

[47] Warren Spring Laboratory (1993)b. *Fundamental Research on the Thermal Treatment of Wastes and Biomass (Investigação fundamental sobre o tratamento térmico de resíduos e biomassa): Thermal Treatment Characteristics of Biomass (Caraterísticas do tratamento térmico da biomassa).* ETSU,B/T1/00208 /Rep/2.

[48] Zhang, Y., Ghaly, A.E., Li, B.,(2012)a, " Physical properties of wheat straw varieties cultivated under different climatic and soil conditions in three continents", *American journal of engineering and applied sciences*, Vol 5(2), pp. 98-106

[49] Zhang, Y., Ghaly, A.E., Li, B.,(2012)b, "Physical properties of rice residues as affected by variety and climatic and cultivation conditions in three continents", *American journal of engineering and applied sciences*, Vol 9(11), pp. 1757-1768

[50] Zhang, Y., Ghaly, A.E., Li, B.,(2012)c, "Physical properties of corn residues", *American journal of engineering and applied sciences*, Vol 8(2), pp. 44-53

<u>ANEXO</u>

Questionário para avaliação de instalações de biogás comprimido (CBG)

I. Desafios

1. Quais os principais desafios com que se deparou durante as fases do projeto (por exemplo, autorização, financiamento, construção, arranque do sistema)?

2. Quais os desafios operacionais com que se deparou desde a entrada em funcionamento da fábrica?

II. Potencial e eficiência das matérias-primas

1. Que tipos de matérias-primas estão a ser utilizadas e em que proporções?

2. Existem acordos de longo prazo para o fornecimento de matérias-primas? Como é que assegurou as fontes de matéria-prima?

3. Já se deparou com problemas de qualidade/quantidade inconsistente de matéria-prima? Em caso afirmativo, como é que os resolveu?

4. Qual é o vosso plano de gestão das matérias-primas?

5. Qual é o rendimento do biogás e do biogás GNC da sua mistura de matérias-primas?

6. Como se determina a mistura óptima de matérias-primas?

III. Benefícios ambientais e sociais

1. Foi efectuada uma avaliação do impacto ambiental da fábrica? Em caso afirmativo, queira partilhar as principais conclusões.

2. Que normas/certificações ambientais são seguidas pela sua fábrica?

3. Como é que gere os potenciais problemas ambientais, como odores, moscas, etc., durante o manuseamento da matéria-prima?

4. Quais são as principais utilizações/métodos de eliminação da produção de lamas e lodos de digestores da unidade?

5. A fábrica criou emprego ou trouxe outros benefícios socioeconómicos à comunidade local?

99

IV. Operações da fábrica

1. Descreva a capacidade da sua instalação, a tecnologia de digestão, os parâmetros de funcionamento como a temperatura, o tempo de retenção, etc.

2. Que tecnologia de purificação do gás é utilizada e que normas de biogás são seguidas?

3. Teve algum problema ou necessitou de uma manutenção importante do sistema de purificação?

4. Que protocolos de saúde e segurança são seguidos nas operações da fábrica?

5. Quais são as necessidades em termos de pessoal e quais os desafios que enfrentou no recrutamento/manutenção de empregados?

V. Dados financeiros

1. Pode partilhar os custos de capital para a criação da fábrica e do sistema de purificação?

2. Quais são os custos anuais de funcionamento, incluindo pessoal, serviços públicos, manutenção, etc.?

3. Quais foram os principais fluxos de receitas para a viabilidade financeira?

APÊNDICE

Apêndice 1: Detalhes das culturas e do equipamento

Tabela 10. Relação entre EMC e RH

Resíduos de culturas	X= Humidade relativa no momento da colheita (RH) Y= Teor de humidade de equilíbrio (EMC)
Bagaço	$Y = 0.009X^2 - 0.354X + 3.757$, $R^2 = 0.999$
Palha de trigo	$Y = 0.005X^2 - 0.032X - 0.185$, $R^2 = 0.967$
Casca de arroz	$Y = 0.004X^2 + 0.114X - 4.942$, $R^2 = 0.924$
Palha de arroz	$Y = 0.011X^2 - 0.599X + 9.615$, $R^2 = 0.982$
Arhar Stalk	$Y = 0.265X - 5.702$, $R^2 = 0.976$
Palha de milho	$Y = 0.006X^2 + 0.04X - 3.242$, $R^2 = 0.989$
Espiga de milho	$Y = 0.004X^2 + 0.059X - 6.55$, $R^2 = 1$

Quadro 11. Relação grão/resíduo e densidade aparente das partículas

Cultura	Resíduos	Relação grão/cultura/resíduo (G₂R)	Densidade aparente (BD) (Kg/m³)
Arroz	Palha	1:0.25 [16]	359.63 − 484.57 * PS* [49]
	Casca	1:1.25 [16]	705.52 − 710.2 * PS* [49]
Trigo	Palha	1:1.6 [5]	286.97 − 276.77 * PS* [48]
Cana-de-açúcar	Bagaço	1:0.33 [37]	120

Milho	Espigas	1:0.15 [41]	282 [50]
	Palha	1:0.5 [41]	127 [50]
Arhar	Talos	1:0.5 [41]	225 [1]

* PS: Tamanho das partículas do resíduo processado em mm

Tabela 12. Custo por tonelada para diferentes tipos de armazenamento

Tipo de armazenamento	Custo de armazenagem (Rs/Tonelada)
Estrutura fechada com chão de betão	600
Estrutura aberta com chão de betão	480
Sifão reutilizável no chão esmagado	180
Exterior sem proteção sobre pedra britada	60
Exterior desprotegido no solo	0

Quadro 13. Análise final e proximal dos resíduos de culturas

Cultura	Resíduos	Análise final (% base seca)					Análise proximal (% base seca)		
		Carbono	Hidrogénio	Oxigénio	Nitrogénio	Enxofre	Matéria volátil	Carbono fixo	Cinzas
Arroz	Palha [43]	37.7	5	37.5	0.6	0	69.7	11.1	19.2
	Casca [43]	38.7	5	36	0.5	0.1	64.7	15.7	19.6
Trigo	Palha [44]	47.3	5.87	41.49	0.58	0.07	77.7	17.59	4.71
	Bagaço [42]	45.48	5.96	0.15	45.21	0	83.66	13.15	3.2
Milho	Cobs [36]	45	5.8	42.5	2.4	0	80	16	4
	Talos [42]	44.73	8.87	40.44	0.6	0.07	73.15	19	7.65

Arhar Talos [24]	53.3	4.7	42	0.6	0	69.5	12	18.5

Quadro 14. Parâmetros assumidos para a cultura e pormenores do equipamento

Parâmetro	Valor
Taxa de impostos e seguros	0.01
Salário do operador (Rs/ hora)	30
Fração do custo de reparação (fração do preço de tabela gasto em reparações durante todo o tempo de vida)	0.25
Fração do custo de lubrificação (Fração do preço do combustível gasto em lubrificação)	0.15
Capacidade do carrinho - Utilizado para a recolha (em toneladas)	2
Salário diário da mão de obra (em rupias)	120
Capacidade de transporte de mão de obra por viagem (em toneladas)	0.05
Número de viagens efectuadas pela mão de obra para recolha por dia	10

Apêndice 2: Parâmetros BGPP

Tabela 15. Valores dos parâmetros de entrada utilizados para a avaliação económica do projeto de energia do gaseificador de biomassa. [32]

Parâmetros de entrada	Unidade	Valor
Custo anual de manutenção do gaseificador como fração do seu custo de capital	Fração	0.05
Custo anual de manutenção do motor-gerador como fração do seu custo de capital	Fração	0.1
Custo anual de manutenção da obra civil como fração do seu custo de capital	Fração	0.02
Consumo de energia auxiliar pelo BGPP	Fração	0.1
Horas de trabalho num dia	Horas	18
Dias úteis num ano	Dias	350
Taxa de desconto	Fração	0.1
Custo da mão de obra	Rs/hrs	20

Necessidade de mão de obra para BGPP De capacidade até 20kW	Número	1
Necessidade de mão de obra para BGPP de capacidade >20kW	Número	2
Preço do gasóleo	Rúpias/l	50
Consumo específico de biomassa num motor DF típico BGPP à capacidade nominal	Kg/KWh	1.1
Consumo específico de biomassa num motor DF típico BGPP a 75% da capacidade nominal	Kg/KWh	1.21
Consumo específico de biomassa num motor DF típico BGPP a 50% da capacidade nominal	Kg/KWh	1.32
Consumo específico de gasóleo num motor DF típico BGPP à capacidade nominal	l/KWh	0.11
Consumo específico de gasóleo num motor DF típico BGPP a 75% da capacidade nominal	l/KWh	0.1
Consumo específico de gasóleo num motor DF típico BGPP a 50% da capacidade nominal	l/KWh	0.11
Vida útil das obras de construção civil	Anos	20
Vida útil do grupo motor-gerador com gasóleo como combustível piloto ou principal	Horas	20000
Vida útil do gaseificador de biomassa	Horas	10000

Quadro 16. Taxas de inflação médias (IPC) para a Índia[18]

Ano	2004	2005	2006	2007	2008	2009	2010	2011	2012	2013	2014
Taxa	3.77	4.25	5.79	6.39	8.32	10.32	12.11	8.87	9.3	10.92	6.98

Tabela 17. Detalhes do custo (em Rs) do projeto de energia do gaseificador de biomassa de combustível duplo (5-40 KW) (Nouni et al, 2007)

Capacidade da	Gaseificador com	Cortador de	Secador de	Medidor de	Bloco da polia	Sistema de arrefe	Impostos e taxas	Grupo gerador	Impostos e taxas	Material de	Obras civis	Montagem, colocação em

BGPP (em KW)	acessórios	biomassa	biomassa	humidade	da corrente	cimento a água	do motor			ligação à terra		funcionamento e formação
5	760000	12000	9000	3000	0	10000	29700	94000	25380	10000	60000	30000
10	95000	12000	9000	3000	0	10000	34830	140000	37800	10000	80000	30000
20	145000	12000	9000	3000	0	15000	49680	245000	66150	15000	100000	30000
30	300000	20000	40000	3000	10000	15000	104760	375000	101250	20000	150000	50000
40	380000	20000	40000	3000	10000	15000	126360	405000	109350	30000	175000	50000

Apêndice 3: Parâmetros C/ST

Tabela 18. Variáveis de entrada e pressupostos para o energia C/ST a biomassa

Parâmetro	Abreviatura	Valor
Horas de trabalho por dia (horas/dia)	dia	18
Dias úteis num ano	Ano D	350
Taxa de atualização (em %)	D	10
Tempo de vida do equipamento de produção de eletricidade (em anos)	$t_{pg,\ C/ST}$	10
Tempo de vida do equipamento de manuseamento e armazenamento de biomassa (em anos)	$t_{bsh,C/ST}$	15
Tempo de vida do equipamento de tratamento de fumos (em anos)	$t_{ft,C/ST}$	10
Tempo de vida do equipamento de tubagem (em anos)	$t_{pip,C/ST}$	15
Tempo de vida do equipamento elétrico (em anos)	$t_{elec,\ C/ST}$	10
Tempo de vida das obras de construção civil (em anos)	$T_{cw,C/ST}$	20
Percentagem do custo direto de instalação (do custo do equipamento)	$p_{inst,\ C/ST}$	30
Percentagem do custo dos serviços auxiliares (do custo do equipamento)	$p_{aux,\ C/ST}$	15

Parâmetro	Abreviatura	Valor
Percentagem do custo de instrumentação e controlo (do custo do equipamento)	$p_{inc,\ C/ST}$	10
Percentagem do custo de preparação do local (do custo do equipamento)	$p_{sp,\ C/ST}$	10
Percentagem do custo de engenharia (do custo do equipamento)	$p_{engg,\ C/ST}$	12
Percentagem do custo de arranque (do custo do equipamento)	$p_{arranque,\ C/ST}$	10
Percentagem do custo de manutenção das instalações (do custo do equipamento)	$p_{principal,\ C/ST}$	3
Percentagem do consumo de energia auxiliar	a	10
Mão de obra Taxa salarial (Rs/homem-hora)	$O_{salário}$	20
Número de trabalhadores necessários (até 20 KW)	$O_{número,\ C/ST}$	1
Número de trabalhadores necessários (> 20 KW)	$O_{número,\ C/ST}$	2
Custo do transporte de cinzas (em Rs/toneladas)	$AT_{C/ST}$	1000
Custo de deposição das cinzas em aterro (em Rs/toneladas)	$AD_{C/ST}$	700
5-15 KW	$Z_{e,\ C/ST}$	0.25
15-35 KW	$Z_{e,\ C/ST}$	0.26
35-50 KW	$Z_{e,\ C/ST}$	0.27

Apêndice 4: Parâmetros G/CC

Tabela 19. Variáveis de entrada e pressupostos para o energia G/CC a biomassa

Parâmetro	Abreviatura	Valor
Horas de trabalho por dia (horas/dia)	dia	18
Dias úteis num ano	Ano D	350
Taxa de atualização (em %)	D	10
Tempo de vida do equipamento de produção de eletricidade (em anos)	$t_{pg,\ G/CC}$	10
Tempo de vida do equipamento de manuseamento e armazenamento de biomassa (em anos)	$t_{bsh,G/CC}$	15
Tempo de vida do equipamento de tratamento de fumos (em anos)	$t_{ft,G/CC}$	10

Tempo de vida do equipamento de tubagem (em anos)	$t_{pip,G/CC}$	15
Tempo de vida do equipamento elétrico (em anos)	$t_{elec,\,G/CC}$	10
Tempo de vida das obras de construção civil (em anos)	$T_{cw,G/CC}$	20
Percentagem do custo direto de instalação (do custo do equipamento)	$p_{inst,\,G/CC}$	30
Percentagem do custo dos serviços auxiliares (do custo do equipamento)	$p_{aux,\,G/CC}$	15
Percentagem do custo de instrumentação e controlo (do custo do equipamento)	$p_{inc,\,G/CC}$	10
Percentagem do custo de preparação do local (do custo do equipamento)	$p_{sp,\,G/CC}$	10
Percentagem do custo de engenharia (do custo do equipamento)	$p_{engg,\,G/CC}$	12
Percentagem do custo de arranque (do custo do equipamento)	$p_{arranque,\,G/CC}$	10
Percentagem do custo de manutenção das instalações (do custo do equipamento)	$p_{principal,\,G/CC}$	3
Percentagem do consumo de energia auxiliar	a	10
Mão de obra Taxa salarial (Rs/homem-hora)	$O_{salário}$	20
Número de trabalhadores necessários (até 20 KW)	$O_{número,\,G/CC}$	1
Número de trabalhadores necessários (> 20 KW)	$O_{número,\,G/CC}$	2
Custo do transporte de cinzas (em Rs/toneladas)	$AT_{(G/CC)}$	1000
Custo de deposição das cinzas em aterro (em Rs/toneladas)	$AD_{G/CC}$	700
Potência da turbina a gás (em KW)	$W_{GT,G/CC}$	$W_{NE,G/CC}/2$
Potência líquida do ciclo de vapor (em KW)	$W_{ST,G/CC}$	$W_{NE,G/CC}/2$
Caudal de vapor produzido pelo gerador de vapor de recuperação de calor (kg/h)	M_{HRSG}	$M_{G/CC}$
5-10 KW	$Z_{e,\,G/CC}$	0.38
10-20 KW	$Z_{e,\,G/CC}$	0.4
20-35 KW	$Z_{e,\,G/CC}$	0.425

35-50 KW Z_e, G/CC   0.45

More Books!

info@omniscriptum.com
www.omniscriptum.com
OMNIScriptum

Printed by Books on Demand GmbH, Norderstedt / Germany